Berichte aus dem Institut für Umformtechnik der Universität Stuttgart

Herausgeber: Prof. Dr.-Ing. Dr. h.c. K. Lange

103

Rolf Bulander

Werkzeugverformungen beim Strangpressen und ihre Auswirkungen auf die Produktgenauigkeit

Mit 66 Abbildungen und 5 Tabellen

Springer-Verlag
Berlin Heidelberg New York
London Paris Tokyo Hong Kong 1989

Rolf Bulander
Institut für Umformtechnik
Universität Stuttgart

Dr.-Ing. Dr. h. c. Kurt Lange
o. Professor em. an der Universität Stuttgart
Institut für Umformtechnik

D 93

ISBN-13: 978-3-540-51586-9 e-ISBN-13: 978-3-642-83908-5
DOI: 10.1007/978-3-642-83908-5

Softcover reprint of the hardcover 1st edition 1989

Gesamtherstellung: Copydruck GmbH, Heimsheim
2362/3020—543210

GELEITWORT DES HERAUSGEBERS

Die Umformtechnik zeichnet sich durch sehr gute Werkstoffauswertung und hohe Mengenleistung in der Serienfertigung gegenüber anderen Fertigungsverfahren aus, wobei Beibehaltung der Masse, Änderung der Festigkeitseigenschaften während eines Vorgangs und elastische Rückfederung der Werkstücke nach einem Vorgang wesentliche Merkmale sind. Weiter sind die benötigten Kräfte, Arbeiten und Leistungen sehr viel größer als z.B. bei spanenden Verfahren. Die sichere Beherrschung eines Verfahrens in der industriellen Fertigung und die zunehmende Forderung nach Vermeidung bzw. Minimierung spanender Nacharbeit erzwingen die geschlossene Betrachtung des Systems "Umformende Fertigung" unter zentraler Berücksichtigung plastizitätstheoretischer, werkstoffkundlicher und tribologischer Grundlagen.

Das Institut für Umformtechnik der Universität Stuttgart stellt entsprechend Forschung und Entwicklung zum einen auf die Erarbeitung von Grundlagenwissen in diesen Bereichen ab, zum anderen untersucht und entwickelt es Verfahren unter Anwendung spezieller Meßtechniken mit dem Ziel einer genauen quantitativen Ermittlung des Einflusses der Parameter von Vorgang, Werkstoff, Werkzeug und Maschine. Die Behandlung von Problemen des Maschinenverhaltens, der Maschinenkonstruktion sowie der Werkzeugauslegung und -beanspruchung, der Auswahl hochbeanspruchbarer, verschleißfester Werkzeugbaustoffe und schließlich der Tribologie gehört entsprechend ebenfalls zum Arbeitsgebiet, das durch die Erfassung organisatorischer und betriebswirtschaftlicher Fragen abgerundet wird.

Im Rahmen der "Berichte aus dem Institut für Umformtechnik" erscheinen in zwangloser Folge jährlich mehrere Bände, in denen über einzelne Themen ausführlich berichtet wird. Dabei handelt es sich vornehmlich um Abschlußberichte von Forschungsvorhaben, Dissertationen, aber gelegentlich auch um andere Texte. Diese Berichte sollen den in der Praxis stehenden Ingenieuren und Wissenschaftlern zur Weiterbildung dienen und eine Hilfe bei der Lösung umformtechnischer Aufgaben sein. Für die Studierenden bieten sie die Möglichkeit zur Vertiefung der Kenntnisse. Die seit zwei Jahrzehnten bewährte freundschaftliche Zusammenarbeit mit dem Springer-Verlag sehe ich als beste Voraussetzung für das Gelingen dieses Vorhabens an.

Kurt Lange

Vorwort

Die vorliegende Arbeit entstand während meiner Tätigkeit als wissenschaftlicher Mitarbeiter am Institut für Umformtechnik der Universität Stuttgart.

Herrn o.Prof. em. Dr.-Ing. Dr. h.c. Kurt Lange danke ich für sein Vertrauen und seine wohlwollende Unterstützung bei der Durchführung dieser Arbeit. Herrn Prof. Dr.-Ing. Reiner Kopp danke ich für die eingehende Durchsicht dieser Arbeit.

Weiterhin gilt mein Dank allen Mitarbeiterinnen und Mitarbeitern des Instituts für Umformtechnik, die durch ihre Unterstützung zum Gelingen dieser Arbeit beigetragen haben.

Herrn Dipl.-Math. K. F. Hoffmann danke ich für viele kritische Diskussionen und Anregungen, Frau cand. mach. Gabriele Baur und Herrn cand. aer. August Huber für ihre tatkräftige Mithilfe bei Experimenten und Berechnungen.

Die Mittel für die Durchführung dieser Untersuchung wurden von der Deutschen Forschungsgemeinschaft zur Verfügung gestellt.

Stuttgart, Juni 1989

Rolf Bulander

Inhaltsverzeichnis Seite

Verzeichnis der wichtigsten Abkürzungen und Formelzeichen

Zeichen	Einheit	Benennung
A	mm^2	Fläche
b	$Ws^{1/2}/(Km^2)$	Wärmeeindringkoeffizient
c	J/(kgK)	spezifische Wärmekapazität
D	mm	Durchmesser
d	mm	Durchmesser
E	N/mm^2	Elastizitätsmodul
F	N	Kraft
h	mm	Höhe
k_f	N/mm^2	Fließspannung
l	mm	Länge
p	N/mm^2	Druck
Q	J	Wärme
$\dot{Q}$	W	Wärmefluß
R_0	mm	Aufnehmerradius
r	mm	Radius
T	K	thermodynamische Temperatur
ΔT	K	Temperaturdifferenz
t	s	Zeit
V	mm^3	Volumen
v	mm/s	Geschwindigkeit
W	J	Arbeit
z	mm	Stempelweg
α	W/m^2K	Wärmeübergangskoeffizient
α_E	W/m^2K	Ersatzwärmeübergangskoeffizient
α_T	-	Wärmeausdehnungskoeffizient
α'	-	Scherflächenwinkel
β	-	Winkel der Scherfläche zum Aufnehmer
η_u	-	Umformwirkungsgrad
ϑ	°C	Temperatur
λ	W/mK	Wärmeleitfähigkeit
μ	-	Reibzahl
ν	-	Querkontraktionszahl
ξ	‰	relatives Haftmaß

Zeichen	Einheit	Benennung
ρ	g/cm^3	Dichte
σ	N/mm^2	Spannung
τ	N/mm^2	Schubspannung
φ	-	Umformgrad
$\dot{\varphi}$	1/s	Umformgeschwindigkeit

Indizes

0	vor der Umformung
1	nach der Umformung
A	Austritt aus der Umformzone
ax	axial
B	Block
e	Element
E	Eintritt in die Umformzone, Ersatz..
ges	Gesamt...
i	innen
id	ideell
K	konstant
M	Matrize
m	mittlere
max	maximal
P	Profil...., Preßkanal....
R	Reibung
RA	Reibung am Aufnehmer
RM	Reibung im Preßkanal
St	Stempel
Str	Strang
Sch	Schiebung
S	Scherung, Scher-
u	Umformung
v	Vergleichs-
W	Werkzeug
"$\_$"	Vektor
"$=$"	Matrix, Tensor

Abkürzungen

DGL	Differentialgleichung
DMS	Dehnungsmeßstreifen
FEM	Finite-Elemente-Methode
SP	Strangpressen
VVSP	Voll-Vorwärts-Strangpressen

Zusammenfassung

Beim Strangpressen wird die formgebende Matrizenöffnung aufgrund thermischer und mechanischer Belastungen während des Vorgangs verformt. Die Matrizenöffnung bestimmt die Geometrie des Strangquerschnitts während des Preßvorgangs. Zusätzlich bewirken thermisch bedingte Schwindungsvorgänge nach dem Pressen weitere Veränderungen der Strangquerschnittsform. Aufgrund dieser Vorgänge stimmt die Querschnittsgeometrie des fertigen Strangpreßprodukts nicht mit der Form des Matrizendurchbruchs im kalten Zustand überein.

Bis jetzt existieren keine analytischen Ansätze zur Ermittlung der nötigen Korrekturwerte für die Abmessungen des Matrizendurchbruchs. Gelingt es, auf theoretischem Weg von der Durchbruchsform der Matrize im kalten Zustand auf die Querschnittsgeometrie des fertigen Strangpreßprodukts, ebenfalls im kalten Zustand, zu schließen, können daraus resultierende Korrekturwerte bereits in der Konstruktionsphase festgelegt werden. Damit kann der Aufwand für Probepressungen und mechanische Matrizenkorrekturen stark vermindert werden. Ausgehend von dieser Situation wurde eine Vorgehensweise zur theoretischen Bestimmung von Werkzeugverformungen beim Voll-Vorwärts-Strangpressen entwickelt.
Ein zentraler Punkt dabei ist die Simulation der thermischen und mechanischen Vorgänge im Werkzeugsatz der Strangpresse mit Hilfe der Methode der Finiten Elemente. Für den sinnvollen Einsatz dieser Berechnungsmethode ist eine möglichst genaue Angabe der Belastungen notwendig. Mit Hilfe einer Modellvorstellung über die Geometrie der Umformzone wurden Möglichkeiten aufgezeigt, Belastungsannahmen nach der elementaren Theorie profilspezifisch zu verfeinern.

Die Vorgehensweise wurde am Beispiel einer Versuchsstrangpresse verifiziert. Hierzu wurden Werkzeugsätze mit unterschiedlichen Abschlußarten und Durchbruchsformen in einem Simulationsmodell erfaßt und die Werkzeugverformungen aufgrund gekoppelter thermischer und mechanischer Belastungen berechnet. Dabei wurden verschiedene Umformparameter und Annahmen über maschinenseitige Belastungen variiert. Von besonderem Interesse waren anlagenspezifische Unterschiede im Temperaturverhalten zwischen der betrachteten Versuchsstrangpresse und in der Produktion eingesetzten Pressen. Unter Zugrundelegung stationären Temperaturverhaltens, das i.a. bei Produktionspressen zu erwarten ist, wurden die Einflüsse unterschiedlicher Vorgangs- und Maschinenparameter untersucht. Unter Annahme instationären Temperaturverhaltens, das die untersuchte Versuchsstrangpresse aufweist, wurden für einzelne Parameterkombinationen theoretische und experimentelle Ergebnisse ermittelt und miteinander verglichen.

Während des Strangpreßvorgangs bildet sich ein Temperaturfeld im Werkzeugsatz aus, das von der Wärmeproduktion im Werkstück und vom Wärmeableitungsvermögen des Werkzeugsatzes abhängt. Der Umformgrad und die Umformgeschwindigkeit üben den größten Einfluß auf die Wärmeproduktion aus. Reibungsvorgänge im Preßkanal wirken, abhängend von der Umformgeschwindigkeit ebenfalls temperaturerhöhend auf den Werkzeugsatz. Der Aufbau des Werkzeugsatzes hat dagegen einen begrenzten Einfluß auf das Temperaturverhalten im Preßkanal.

Das Verformungsverhalten der Strangpreßwerkzeuge hängt vom Temperaturfeld während des Umformvorgangs, von mechanischen Belastungen durch den Vorgang und von maschinenseitigen Belastungen ab. Das hohe Temperaturniveau des Vorgangs bewirkt eine starke thermische Ausdehnung aller Werkzeugteile. Zusätzlich hat jedoch das Temperaturmaximum im Preßkanal und ein starker Gradient in radialer Richtung zur Folge, daß sich der Matrizendurchbruch temperaturabhängig verengen kann. Ausschlaggebend ist hierfür die Größe des Temperaturgradienten.

Von den vorgangsabhängigen mechanischen Belastungen hat der axiale Druck auf die Matrizenstirnfläche den größten Einfluß. Mit zunehmendem Druck wird die Matrize stärker gestaucht und damit der Matrizendurchbruch enger. Thermische und mechanische Vorgänge im Preßkanal sind von untergeordneter Bedeutung für die Verformung des Preßkanals. Verschiedene Arten des Werkzeugaufbaus - insbesondere die Abdichtungsart zwischen Aufnehmer und Matrize - bewirken ein unterschiedliches Verformungsverhalten des Matrizendurchbruchs. Dabei hat der Flachabschluß gegenüber dem Kegelabschluß deutliche Vorteile.

Neben der Werkzeugverformung beeinflussen Schwindungsvorgänge die Geometrie des Strangquerschnitts nachhaltig. Mit Hilfe verschiedener Annahmen über Strangtemperaturen wurde die thermische Schwindung in ihren Auswirkungen abgeschätzt.

Die Simulation des instationären Temperaturverhaltens der betrachteten Versuchsstrangpresse wurde mit experimentellen Ergebnissen verglichen. Nach Durchlaufen des Anfahrvorgangs weisen Experiment und Simulation eine gute Übereinstimmung auf. Der Vergleich von theoretisch und experimentell ermittelten Querschnittsgeometrien der Strangpreßprodukte zeigte bei Verwendung eines Kegelabschlusses mit zunehmender Vorgangsdauer eine gute Übereinstimmung.

Die Umsetzung der vorgestellten Vorgehensweise zur Simulation von Werkzeugverformungen beim Strangpressen in die betriebliche Praxis stellt Ansprüche an die rechentechnische Ausstattung und den organisatorischen Ablauf des Strangpreßbetriebes. Mit zunehmender Rechnerintegration in der Fertigung bei gleichzeitig sinkenden Kosten und steigender Rechnerleistung ist in der Zukunft ein Einsatz dieser Methode unter wirtschaftlichen Gesichtspunkten denkbar.

1 Einleitung

Das Strangpressen ist, weitgehend unbeachtet von der Öffentlichkeit, ein wirtschaftliches Verfahren zur Herstellung von hochwertigem Halbzeug. Die Möglichkeit, unterschiedlichste und zum Teil äußerst komplizierte Querschnittsformen zu erzielen, bringt es mit sich, daß Strangpreßprodukte in nahezu allen Lebensbereichen ihren Einsatz finden. Mit wachsendem Einsatzbereich steigen auch die Anforderungen an das Strangpreßprodukt hinsichtlich Aussehen, mechanischen Eigenschaften, Geometrie und Maßgenauigkeit. Diesen Herausforderungen kann nur durch konsequente Optimierung des Herstellvorgangs begegnet werden.

Die Parameter des Preßvorgangs, der Werkstoff und die Werkzeuggestaltung beeinflussen die Geometrie des Strangpreßprodukts und die Produktivität des Verfahrens in komplexem Zusammenspiel. Der Werkzeuggestaltung kommt hierbei besondere Bedeutung zu. Die formgebende Werkzeugöffnung legt die Geometrie des Strangquerschnitts fest. Während des Pressens wird sie jedoch selbst vorgangsabhängig verformt. Diese Verformungen müssen bei der Werkzeugkonstruktion berücksichtigt werden.

In jüngerer Zeit halten rechnerunterstützte Techniken verstärkt Einzug im Strangpreßbetrieb. So kann heute sowohl die Profilkonstruktion als auch die Werkzeugkonstruktion rechnerunterstützt am Bildschirm erfolgen. Mit entsprechender CAD/NC-Kopplung können automatisch die zur Werkzeugfertigung benötigten Bearbeitungsdaten herangezogen werden. Ein Problem stellt bisher der Übergang von den geforderten Profilabmessungen zu den für die Herstellung dieses Profils notwendigen Abmessungen des Matrizendurchbruchs dar.

Zur analytischen Bestimmung der nötigen "Vorverzerrungen" der formgebenden Matrizenöffnung gibt es zur Zeit keinen allgemein anwendbaren Ansatz. Damit entfällt die Möglichkeit, auch diesen Schritt weitgehend automatisiert durchzuführen. Die zur Einhaltung vorgeschriebener Toleranzen notwendigen Maßänderungen im Matrizendurchbruch hängen ausschließlich von der Erfahrung und dem "Fingerspitzengefühl" des Matrizenkonstrukteurs ab. Besonders bei Profilformen, die nicht dem Standard-Produktspektrum entsprechen, wird deshalb oft eine erhöhte Anzahl von Probepressungen mit anschließender Matrizenkorrektur benötigt, bis die geforderten Profilabmessungen erzielt werden. Gelingt es nun, dem Konstrukteur ein Hilfsmittel zur Hand zu geben, mit dem notwendige Maßänderungen bereits in der Konstruktionsphase theoretisch bestimmt werden können, so kann dieses iterative Vorgehen entscheidend abgekürzt werden.

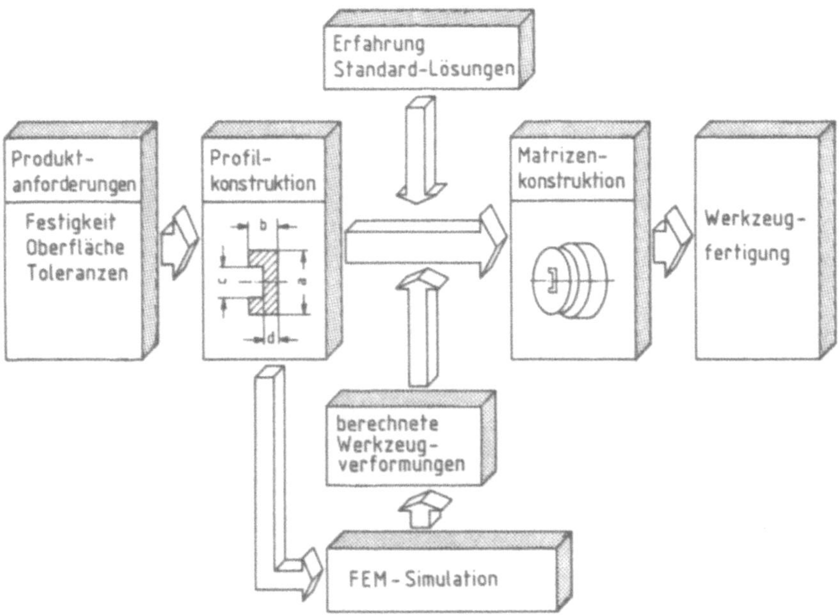

Bild 1: Vorgehensweise bei der Werkzeugkonstruktion zum Strangpressen.

In der vorliegenden Arbeit wird eine Vorgehensweise beschrieben, wie mit theoretischen Methoden Aussagen über vorgangsbedingte Werkzeugverformungen beim Voll-Vorwärts-Strangpressen getroffen werden können. Mit Hilfe dieser Aussagen läßt sich die erzielbare Strangquerschnittsgeometrie bestimmen. Damit können die nötigen Maßänderungen des Matrizendurchbruchs festgelegt werden (Bild 1). Zur Berechnung der Werkzeugverformungen wurde die Methode der Finiten Elemente angewendet. Besonders zu beachten ist dabei, daß die Vorgehensweise, die hier am speziellen Beispiel verifiziert wird, allgemein anwendbar ist. Damit soll ermöglicht werden, den Übergang vom konstruierten Strangpreßprofil zur Werkzeugkonstruktion rechnerunterstützt zu vollziehen.

2 Stand der Erkenntnisse

2.1 Allgemeines

Das Verfahren Strangpressen kommt in unterschiedlichsten Anwendungen zum Einsatz. Dementsprechend groß ist die Anzahl der Einzelveröffentlichungen hierzu. Verschiedene Autoren versuchten in einer Gesamtbetrachtung alle wichtigen Aspekte dieses Verfahrens zu beleuchten, z.B. Laue /1/ oder Lange /2/ oder Spur /74/. Nach DIN 8583, Bl.6 /3,75/ gehört das Strangpressen zu den Durchdrückverfahren. Es wird eingeteilt in Strangpressen mit starren Werkzeugen und Strangpressen mit Wirkmedien, wobei das letztgenannte Verfahren noch eine geringe wirtschaftliche Bedeutung hat. Bei Verwendung starrer Werkzeuge wird zusätzlich zwischen Vorwärts-, Rückwärts- und Querstrangpressen unterschieden /2/. Es können Stränge unterschiedlichster Querschnittsformen als Halbzeug hergestellt werden. Verarbeitete Werkstoffe sind vor allem Nichteisenmetalle, aber auch Stahl für besondere Anwendungen. Eine besonders große Anwendungsvielfalt finden Aluminiumlegierungen. So sollen die folgenden Ausführungen auf das Voll-Vorwärts-Strangpressen (kurz VVSP) von Aluminium-Legierungen mit starren Werkzeugen beschränkt bleiben.
Bild 2 zeigt prinzipiell den Umformvorgang und den Werkzeugsatz beim VVSP mit Flachmatrize. Das Rohteil wird vollkommen vom Aufnehmer umschlossen. Mit Hilfe von Druckeinwirkung durch den Stempel wird es durch die formgebende Werkzeugöffnung gepreßt. DIN 24540 gibt Richtlinien über den Aufbau von Strangpressen für Nichteisenmetalle und die Gestaltung der Werkzeuge /4/. Bis auf spezielle Anwendungen wird das Strangpressen in warmem Zustand durchgeführt. Bei Aluminium-Legierungen liegen gängige Blockeinsatztemperaturen bei 430°C bis 470°C. In diesem Bereich wird auch die Temperatur des beheizten Aufnehmers gehalten.

DIN 1748 legt Eigenschaften, u.a. auch Geometrie und Maßtoleranzen von Strangpreßprofilen fest /5/. Für Präzisionsprofile aus AlMgSi0,5, eine der am meisten verwendeten Legierungen, gilt DIN 17615 /6/.

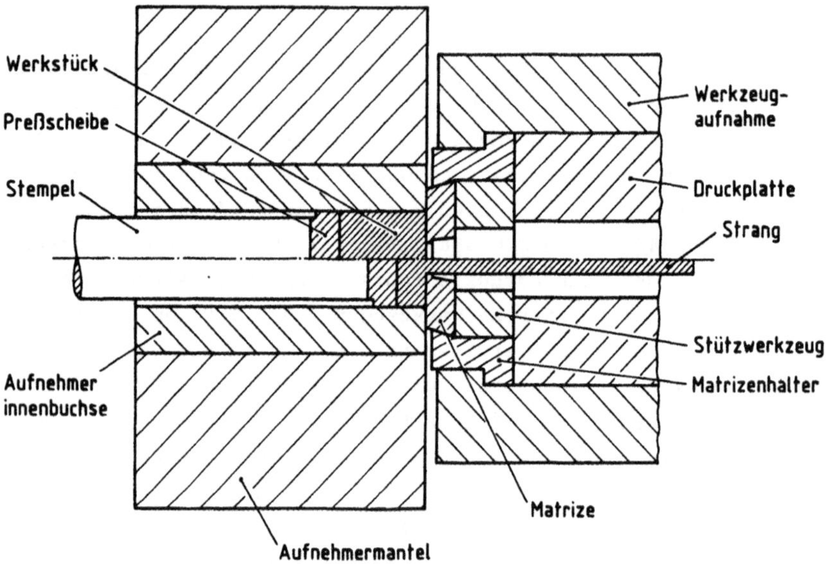

Bild 2: Umformvorgang und Werkzeugaufbau beim VVSP.

2.2 Einflußfaktoren auf die Geometrie des Strangpreßprodukts

Bild 3 zeigt die wesentlichen Einflüsse auf die Geometrie des Strangpreßprodukts. Verformungen des Matrizendurchbruchs beruhen auf mechanischen und thermischen Belastungen während des Umformvorgangs. Die Schwindung des Stranges nach Verlassen der Matrizenöffnung hängt von der Werkstücktemperatur im Augenblick des Auspressens ab. Werkstoffflußeffekte sollen in diesem Rahmen nur vollständigkeitshalber erwähnt werden. Sie hängen von sehr vielen unterschiedlichen Faktoren ab, die nicht allgemein behandelt werden können (z.B. Vorkammern, Profilgestalt).

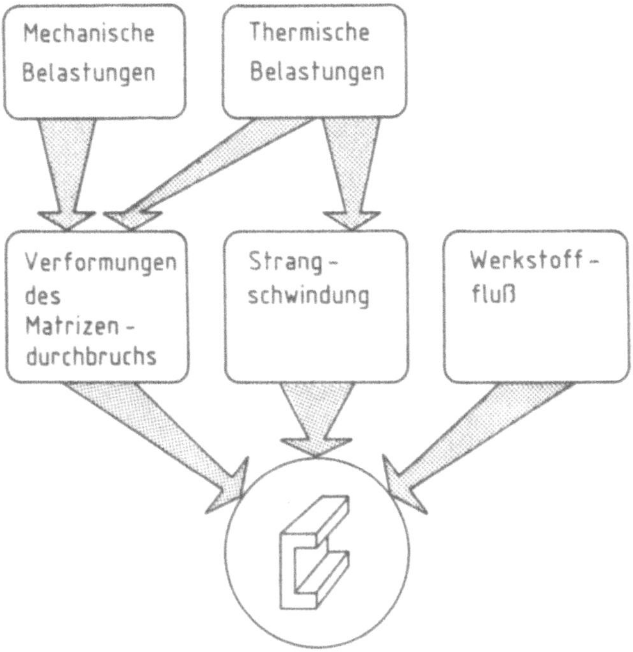

Bild 3: Einflüsse auf die Geometrie des Strangpreßprodukts.

Bild 4 zeigt schematisch die mechanischen Belastungen des Werkzeugsatzes beim Strangpressen. Im einzelnen sind dies /1,2/:

- Radialer Druck auf die Aufnehmerinnenwand,
- radialer Druck im Preßkanal der Matrize,
- axialer Druck auf die Stirnfläche der Matrize,
- Reibkräfte an allen Flächen mit Relativbewegungen zwischen Werkstück und Werkzeug.

Zusätzlich sind maschinenbedingt radiale und axiale Vorspannungen zu erwähnen. Radiale Vorspannungen des Aufnehmers werden durch das Aufschrumpfen des Aufnehmermantels auf die Innenbüchse hervorgerufen. Um das Schließen des Werkzeugsatzes während der Umformung zu gewährleisten, wird hydraulisch eine konstante Schließkraft aufgebracht.

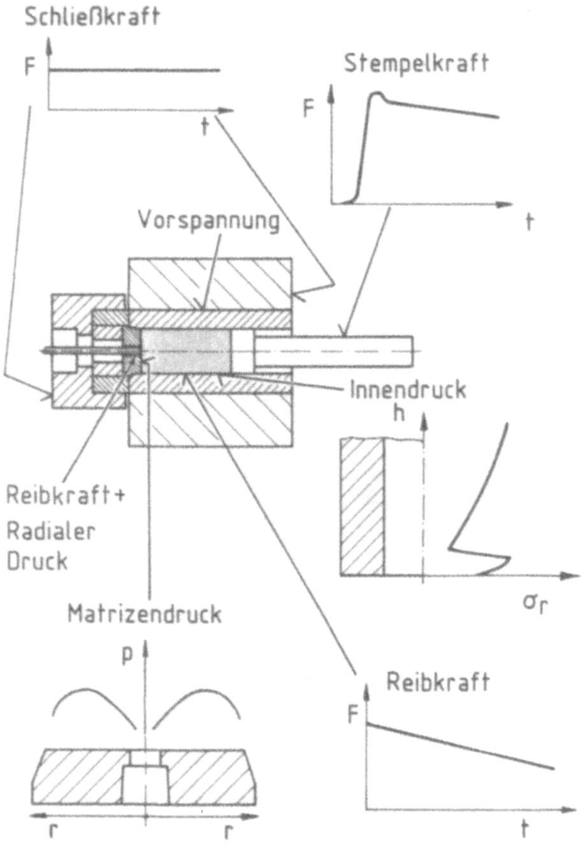

Bild 4: Mechanische Belastungen beim Strangpressen.

Zusätzlich zu dem bereits hohen Temperaturniveau, bei dem der Umformvorgang beginnt, werden bei der Umformung beträchtliche Wärmemengen frei, die Werkstück und Werkzeug zusätzlich aufheizen. Dadurch kommen zu den starken mechanischen Belastungen auch thermische in erheblichem Ausmaß, die den Werkzeugsatz zusätzlich verformen. Bild 5 zeigt prinzipiell die zu beachtenden Wärmequellen.

Die wesentlichen Wärmequellen resultieren aus der Umformung vor der Matrize und aus Reibarbeiten an Flächen mit Relativbewegungen. Es kommt zu einem Wärmefluß zwischen Werkstück und Werkzeug, der von den auftretenden Temperaturgradienten abhängig ist. Die gewählte Preßgeschwindigkeit bestimmt das Verhältnis von Wärmeproduktion und Wärmeableitung und damit das Temperaturniveau, auf dem der Vorgang abläuft.

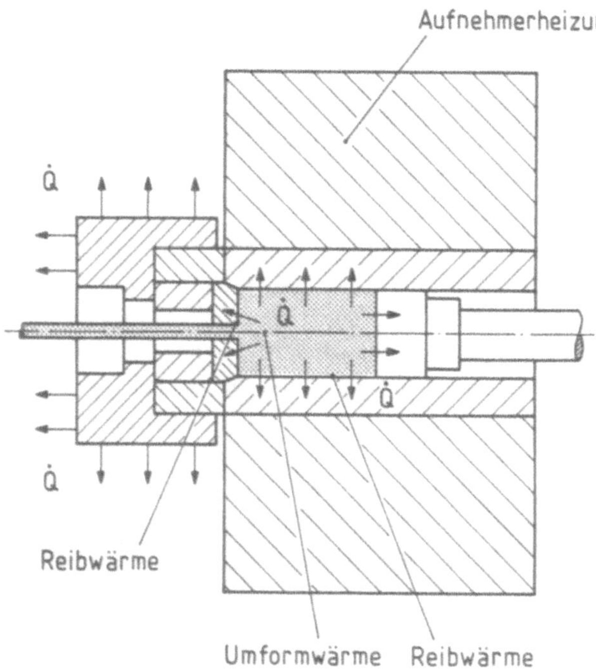

Bild 5: Thermische Belastungen beim Strangpressen.

Der Matrizendurchbruch wird aufgrund der beschriebenen Belastungen verformt. Durch die verformte Werkzeugöffnung in der Matrize wird der Strang ausgepreßt und erfährt danach bei der Abkühlung eine temperaturabhängige Volumenschwindung, die letztendlich seine Endgeometrie festlegt.

Zur Beurteilung dieser Effekte ist die möglichst genaue Kenntnis der aufgeführten mechanischen und thermischen Belastungen wichtig. Für Anwendungen in der Praxis ist dabei besonders von Bedeutung, daß auch über komplizierte Profilformen mit unregelmäßigen Strukturen Aussagen gemacht werden können.

2.3 Übersicht über das Schrifttum

Die Zielrichtungen der unterschiedlichen Untersuchungen zum Thema Strangpressen lassen sich grob nach verschiedenen Gesichtspunkten unterteilen, wobei die Grenzen fließend sind.

Ermittlung des Kraft- und Arbeitsbedarfs

Ausgehend von elementaren Betrachtungen der Umformung entwikkelten Siebel, Fangmeier /7,8/ und Eisbein /9/ schon früh Formeln zur Berechnung der für den Strangpreßvorgang notwendigen Kraft. Bis zum heutigen Tag sind diese Erkenntnisse Grundlage für eine Vielzahl weitergehender Untersuchungen. Das Ziel dieser Betrachtungen bildet dabei immer die möglichst genaue Bestimmung der Preßkraft, die als ausschlaggebende Größe die Dimensionierung der Gesamtanlage, die benötigte Energie sowie die Werkzeugabmessungen festlegt. Kopp und Wiegels analysierten dreiunddreißig verschiedene, aus der Literatur bekannte Preßkraftformeln nach ihrer Anwendbarkeit /10/. Sie lassen sich nach ihrer jeweiligen Vorgehensweise in drei Gruppen einteilen:

- Arbeitsbetrachtung,
- Gleichgewichtsbetrachtung,
- empirisches Vorgehen.

Bei der Arbeitsbetrachtung wird die gesamte zur Umformung benötigte Arbeit aus unterschiedlichen "Teilarbeiten" zusammengesetzt. Oft werden dabei bestimmte Anteile, z.B. Reibanteile, im Umformwiderstand bzw. dem Umformwirkungsgrad zusammengefaßt. Die Gleichgewichtsbetrachtung benutzt das Gleichgewicht der Kräfte an einer Scheibe des Werkstücks unter Hinzuziehung einer Fließbedingung und eines Reibgesetzes. Der große Einfluß des gewählten Reibgesetzes auf das Ergebnis ist ein Nachteil dieses Ansatzes. Beiden Vorgehensweisen ist gemeinsam , daß sie für den einfachsten Fall, einen runden Matrizendurchbruch, befriedigende Ergebnisse liefern können. Ihre Anwendung auf das Strangpressen komplizierter Profile erscheint jedoch problematisch.

Empirische Formeln lehnen sich teilweise an die oben genannten Vorgehensweisen an. Dabei wird der Profileinfluß oft durch zusätzliche Korrekturfaktoren berücksichtigt.

Insgesamt weisen die beschriebenen Ansätze allerdings eine hohe Streuung der Ergebnisse auf, so daß nicht auf Anhieb gesagt werden kann, welche der Formeln die wirklichen Verhältnisse am besten wiedergibt.

Auch numerische Näherungsverfahren bieten sich zur Kraftberechnung beim Strangpressen an. Dalheimer /11/ berechnete über das Fehlerabgleichverfahren Formänderungen und Spannungen und damit Kräfte beim Strangpressen. Der größeren Genauigkeit dieses Näherungsverfahrens steht jedoch der große Aufwand bei der Anwendung gegenüber, sowohl auf versuchstechnischem als auch auf numerischem Gebiet. Avitzur führte mit Hilfe der Methode der oberen Schranke Berechnungen durch, die allerdings Scherflächenwinkel α' lieferten (vergl. Bild 4), die nicht mit experimentellen Beobachtungen in Einklang zu bringen sind /12/. Auch für die beschriebenen Näherungsverfahren gilt die beschränkte Anwendbarkeit auf ausgesuchte Fälle (meist Axialsymmetrie). Die Einbeziehung der eigentlich interessierenden komplizierten Profile ist nur bedingt möglich.

Variationsmethoden, z.B. die Methode der Finiten Elemente (FEM), werden in immer stärkerem Maße für Stoffflußsimulationen und damit auch zur Kraftberechnung herangezogen. Becker bestimmte plastische Lokalisierungseffekte sowie Stempelkräfte beim axialsymmetrischen VVSP /13/. Gunasekera berechnete mit Hilfe der FEM das Strangpressen von Aluminiumlegierungen /14/.

Mit bestimmten Einschränkungen (Wegfall der "Toten Zone", geringe Umformgrade) wurden auch bereits FE-Simulationen einfacher dreidimensionaler Vorgänge durchgeführt /15,16/. Einer praktischen Anwendung der FEM zur Stoffflußsimulation beim Strangpressen stehen zur Zeit unterschiedliche Schwierigkeiten entgegen:

- Bestimmte Randbedingungen des Umformvorgangs, z.B. die Reibung und Scherung können nur in Ausnahmefällen genauer beschrieben werden.
- Bei instationärer Betrachtung des Vorgangs erfolgen nach kurzer Zeit starke Netzverformungen, so daß eine Netzneugenerierung notwendig wird.
- Der zur Stoffflußsimulation benötigte Daten- und Rechenaufwand erschwert die schnelle, unproblematische Anwendung.

In der Praxis finden die zuvor beschriebenen analytischen Möglichkeiten zur Bestimmung der Preßkraft beim Strangpressen nur begrenzte Anwendung, da sie entweder eine zu geringe Vorhersagegenauigkeit aufweisen (elementare Gleichungen) oder in der Anwendung zu aufwendig sind (FEM). Speziell beim Profilstrangpressen wird auf empirische Werte zurückgegriffen.

Voswinkel gelang es, den Einfluß der Profilform auf die Strangpreßkraft für eine bestimmte Profilauswahl zu quantifizieren /17/. Ausgehend von der elementaren Preßkraftgleichung nach Siebel und Fangmeier konnte er mit Hilfe einer physikalischen Modellvorstellung, dem Scherflächenmodell, Möglichkeiten zur Einbeziehung der Profilform in eine relativ leicht anwendbare Preßkraftformel aufzeigen. Auf diese Arbeit wird an anderer Stelle nochmals eingegangen.

Werkstofffluß beim Strangpressen

Modellvorstellungen über den Werkstofffluß beim Strangpressen liegen allen Kraftabschätzungen zugrunde. Bei Anwendung der elementaren Theorie wird z.B. davon ausgegangen, daß ebene Werkstoffelemente während der Umformung eben bleiben, sich also nur Höhe und Durchmesser ändern. Experimentelle Methoden, z.B. die Methode der Visioplasticity /18,19/ können genauere Aussagen über das Fließverhalten und damit den Bewegungs- und Spannungszustand im Werkstück liefern. Auch diese Methoden unterliegen, wie die FEM, der Beschränkung in der Anwendung auf ausgesuchte Profilquerschnitte.

Auf der Grundlage unterschiedlicher Vereinfachungen wurden Versuche unternommen, mathematische Modelle für das Strangpressen komplizierter Profile zu erstellen /20,21/. Yang analysierte das Strangpressen von Profilen mit dreidimensionalem Werkstofffluß mit Hilfe der winkelgetreuen Übertragung /22/, Yang und Altan untersuchten rechnerisch das Fließverhalten beim Pressen schneckenförmiger Querschnitte mit Schmierung /23/.

Zusammenfassend läßt sich sagen, daß Untersuchungen des Werkstoffflusses beim Strangpressen für quantitative Aussagen über Geschwindigkeitsfelder und Spannungsverteilungen während des Umformvorgangs nur bei speziellen Profilquerschnitten oder unter vereinfachenden Annahmen herangezogen werden können. Hauptsächlich werden Stoffflußuntersuchungen jedoch durchgeführt, um das Fließverhalten des Werkstoffs hinsichtlich werkstoffkundlicher Gesichtspunkte zu optimieren. Dürrschnabel gibt einen ausführlichen Überblick über frühere Arbeiten /24/. Er unterscheidet beim VVSP vier unterschiedliche Fließtypen, die werkstoffabhängig auftreten, und beschreibt auch das Fließverhalten bei nicht-axialsymmetrischem Strangpressen. Sein Hauptaugenmerk liegt auf den stoffflußabhängigen Materialeigenschaften des Endprodukts, z.B. querschnittsabhängigen Festigkeitsunterschieden, Preßfehlern u.a. . Eine Vielzahl weiterer Arbeiten nimmt sich dieser Problematik für unterschiedliche Werkstoffe an. Stellvertretend seien hier Broichhausen und Beiss /25/ sowie Baumgarten /26/ genannt.

Ein wichtiges Kriterium für die Preßbarkeit eines Werkstoffs sind seine Formgebungseigenschaften, speziell seine Warmfließkurve. Lange /27/ gibt einen Überblick über Möglichkeiten und

Verfahren zur Aufnahme dieser Fließkurven. Beiss und Broichhausen vergleichen auf unterschiedliche Weise ermittelte Fließkurven von Aluminium-Legierungen /28/. Doege stellt die Fließkurven verschiedener Metalle zusammen und bewertet sie /29/. In /30/ ist eine umfassende Darstellung von Warmfließkurven unterschiedlicher Aluminium-Legierungen zusammengestellt.

Auf werkstoffkundliche Untersuchungen, die einen breiten Raum bei Arbeiten zum Strangpressen einnehmen, soll in diesem Zusammenhang nicht eingegangen werden.

3 Zielsetzung der Arbeit

Ziel dieser Arbeit ist es, auf allgemein anwendbare Art und Weise Werkzeugverformungen beim Strangpressen theoretisch zu ermitteln. Die Methode der Finiten Elemente ist hierzu ein geeignetes Hilfsmittel.

Wichtig bei der Anwendung der FEM ist die möglichst genaue Beschreibung der Belastungen in Form von Randbedingungen. Für die allgemeine Anwendbarkeit der Vorgehensweise ist gleichzeitig erforderlich, daß Angaben über Belastungen bei vertretbarem Aufwand gewonnen werden können. Damit scheiden aufwendige experimentelle Untersuchungen sowie Stoffflußsimulationen zur Ermittlung der Randbedingungen aus. Mit Hilfe elementarer Theorien sollen deshalb hinreichend genaue Annahmen über Belastungen während des Strangpreßvorgangs gefunden werden.

Beim Profilstrangpressen müssen die Belastungsannahmen aufgrund elementarer Theorien jedem betrachteten Profil entsprechend verfeinert werden. Die räumliche Verteilung der auftretenden Kräfte und Arbeiten, die von Profil zu Profil variiert, soll hier besonders berücksichtigt werden. Weiterhin soll dem Aufbau des Werkzeugsatzes besondere Beachtung geschenkt werden.
Aufgrund der kombinierten thermischen und mechanischen Beanspruchung beim Strangpressen ist bei der Anwendung der FEM die Trennung der Berechnungen in einen thermischen und einen strukturmechanischen Teil nötig. Dabei werden zuerst die thermischen Vorgänge bestimmt. Deren Einfluß soll dann mit dem der mechanischen Belastungen verglichen werden. So können die Auswirkungen einzelner Belastungskomponenten getrennt betrachtet werden.

Die Geometrie des Matrizendurchbruchs bestimmt die Querschnittsform des Strangpreßprodukts im Augenblick des Pressens. Zur Ermittlung der endgültigen Stranggeometrie müssen zusätzlich Schwindungsvorgänge bei Erkalten des Werkstücks beachtet werden.

Berechnungsergebnisse, die für eine bestimmte Strangpresse ermittelt werden, sind nur schwer auf andere Pressen übertragbar, da Werkzeugaufbau und thermisches Verhalten meist zu unterschiedlich sind. Die Vorgehensweise der Simulation von Werkzeugverformungen soll allerdings allgemein anwendbar sein.

Aluminiumlegierungen, besonders AlMgSi0,5 und AlMgSi1, machen einen großen Anteil der stranggepreßten Werkstoffe aus, weshalb sie sich für die Untersuchungen anbieten. Die Betrachtungen sollen auf den Einsatz von Flachmatrizen beschränkt bleiben.

Die Richtigkeit der Vorgehensweise zur Bestimmung von Werkzeugverformungen beim Strangpressen soll am Beispiel einer am Institut für Umformtechnik der Universität Stuttgart zur Verfügung stehenden Versuchsstrangpresse verifiziert werden. Deshalb wird diese Presse für die FEM-Berechnungen modelliert und das Verformungsverhalten des Werkzeugsatzes berechnet. Die wesentlichen Verfahrensparameter, der Umformgrad , die Umformgeschwindigkeit, die Profilform, Annahmen über Reibungsvorgänge sowie der Werkzeugaufbau sollen dabei variiert werden. Die Ergebnisse der Berechnungen werden experimentell überprüft. Dabei wird berücksichtigt, daß die untersuchte Versuchsstrangpresse, verglichen mit in der Produktion eingesetzten Strangpressen, wesentliche Unterschiede im Aufbau und im Betriebsverhalten aufweist.

Voraussetzungen zur Übertragung der vorgeschlagenen Methode auf die Berechnung von in der Produktion eingesetzen Strangpressen werden zusätzlich diskutiert.

4 Vorgehensweise zur Berechnung von Werkzeugverformungen

Für die Simulation von Werkzeugverformungen ist eine möglichst genaue Festlegung der Randbedingungen Voraussetzung. Im folgenden soll ein Weg beschrieben werden, mit relativ geringem Aufwand realistische Randbedingungen zu bestimmen. Die Ausführungen sind beschränkt auf das VVSP von Aluminiumlegierungen mit Hilfe von Flachmatrizen. Ähnliche Vorgehensweisen sind aber auch für andere Werkstoffe und Matrizenformen möglich.

4.1 Kräfte und Arbeiten beim Voll-Vorwärts-Strangpressen

4.1.1 Modellvorstellungen zum Werkstofffluß

Nach Dürrschnabel /24/ werden beim Strangpressen vier Fließtypen unterschieden (siehe Bild 6). Von den Werkstückeigenschaften und von den Reibungsverhältnissen Werkzeug/Werkstück hängt ab, welcher Fließtyp sich beim Preßvorgang einstellt. Für Aluminiumlegierungen kann eine deutliche Ausprägung nach Typ B

Fließtyp	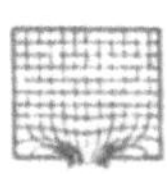 S	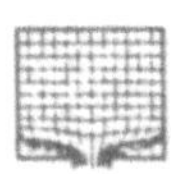 A	 B	 C
Werkstoffart	homogen	homogen	homogen	inhomogen
Werkstoff-Beispiel	theoretisch	Pb, Al mit Schmierung	Cu, Al, Al-Legierungen	Mg, α- und β-Ms
Reibung	keine	gering	stark	stark
Preßfehler	keine	keine	Schalenbildung auf der Strangoberfläche (2. Preßhälfte)	Zweiwachs (letztes Preßdrittel)

Bild 6: Fließtypen beim axialsymmetrischen VVSP.

angenommen werden. An den Berührungsflächen Block/Matrize und Block/Aufnehmer muß mit sehr starker Reibung gerechnet werden. Die Haftneigung der Werkstoffpaarung Aluminium/Stahl ist so ausgeprägt, daß während des Preßvorganges der Block nicht auf der Aufnehmerinnenwand gleiten kann. Vielmehr bleibt die äußerste Werkstoffschicht an der Aufnehmerwand haften und wird abgeschert. Diese Haftneigung wird bei Al-Legierungen besonders ausgenutzt. Sie werden "mit Schale" verpreßt. Die Preßscheibe hat dabei einen um wenige mm geringeren Durchmesser als die Aufnehmerbohrung. Dadurch verbleibt die Außenhaut des Rohteils mit allen Verunreinigungen während des Preßvorganges als "Schale" im Aufnehmer. Die Reibung zwischen Block und Aufnehmer bewirkt weiterhin ein starkes Voreilen des Blockinneren, die Reibung zwischen Matrize und Werkstück verhindert ein Abgleiten des matrizennahen Werkstoffes zum Matrizendurchbruch hin (siehe Bild 7).

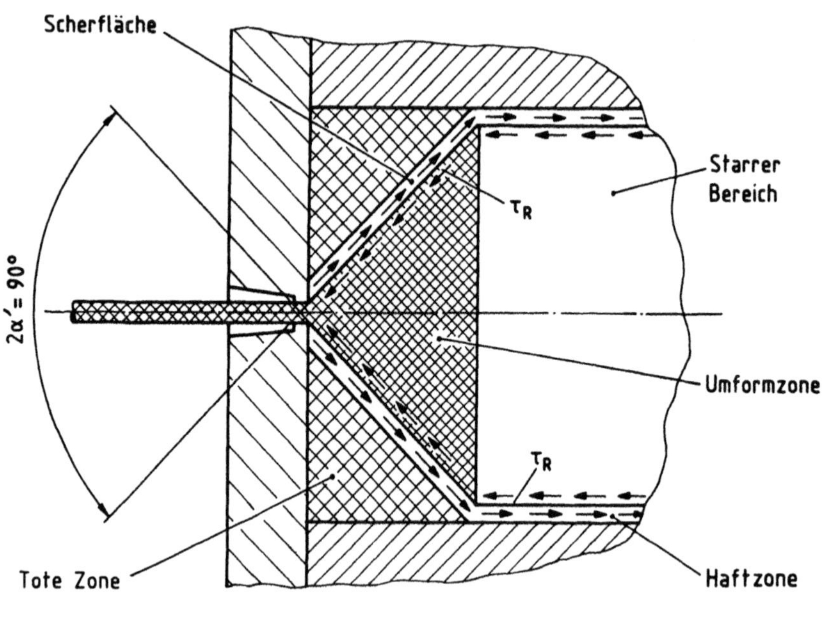

Bild 7: Die Umformzone beim axialsymmetrischen VVSP, (elementare Betrachtung).

Dadurch entsteht eine Zone, in der der Materialfluß stark behindert ist, die sogenannte "Tote Zone". Die Trennfläche zwischen Toter Zone und der kegelförmigen Umformzone wird durch die Scherfläche gebildet. Auch hier kommt es, wie an der Aufnehmerwand, zur Scherung des Werkstoffs /1,2,51/. Damit kann die Umformzone beim axialsymmetrischen VVSP sehr gut dargestellt werden. Sie hat die Form eines Kegelstumpfes und wird begrenzt durch die Ebene des Matrizendurchbruchs, die Tote Zone und den Bereich, in dem das Werkstück nur starr verschoben wird. Der Scherflächenwinkel $2\alpha'$ hängt vom Umformgrad, den Reibverhältnissen und vom betrachteten Zeitpunkt der Pressung ab. Die Annahme von $2\alpha' = 90°$ hat sich als praktikabel und hinreichend genau erwiesen, besonders für Fließtyp B /1,17,76/.

Diese leicht zu beschreibende Geometrie der Umformzone für den axialsymmetrischen Fall verkompliziert sich außerordentlich beim Übergang zu Profilen mit nicht axialsymmetrischen Querschnittsformen. Voswinkel /17,76/ entwickelte Modellvorstellungen über die Ausbildung der Umformzone bei unregelmäßigem Strangquerschnitt, die aufgrund ihrer Vorhersagegenauigkeit bezüglich der zu erwartenden Preßkraft als sehr gut anwendbar erscheinen. Mit Hilfe dieser Modellvorstellung lassen sich genauere Aussagen über die die Umformzone begrenzende Scherzone machen.

Der Verlauf einer isolierten Bahnlinie entlang dieser Scherflächen wird nach /17/ durch folgende Punkte festgelegt (vergl. Bild 8):

- Eine Bahnlinie schließt mit der Aufnehmerwand einen Winkel von $\beta = 45°$ ein.
- In der Profilebene läuft die Bahnlinie zentrisch bis zur Profilkante.
- Von der Profilkante läuft die Bahnlinie unter 45° auf die Aufnehmerwand zu.

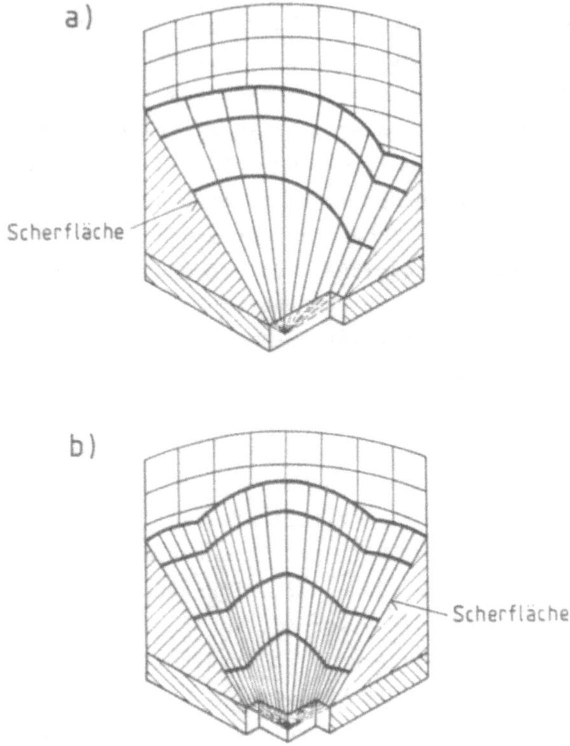

Bild 8: Umformzonen bei unterschiedlichen Strangpreßprofilen nach /17/. a - Rechteckprofil,
b - Kreuzprofil.

Unter diesen Voraussetzungen ergibt sich eine gekrümmte Scherfläche mit Kanten im Bereich der Profilecken. Die Höhe der Umformzone ist nicht konstant. An den Stellen, an denen die Profilkante näher an der Aufnehmerwand liegt, ist die Höhe kleiner als dort, wo der Abstand von der Profilkante zur Aufnehmerwand größer ist. Anhand von Schüttungsversuchen mit Sandmodellen kam Voswinkel zu dem Schluß, daß die beschriebene Modellvorstellung realistische Ansätze liefert. Voswinkel erkannte einen Zusammenhang zwischen der Größe der beschriebenen

Scherflächen und dem Kraft- bzw. Arbeitsbedarf zum Verpressen der entsprechenden Profile. Auf diesen Zusammenhang soll im nächsten Abschnitt eingegangen werden.

Schon bei relativ einfachen Profilen wie Rechteck- oder Kreuzprofil ist eine geschlossene Lösung zur Berechnung des Scherflächeninhalts kaum möglich. Voswinkel bestimmte deshalb für unterschiedliche Profilformen die Scherflächen und ihre Flächeninhalte durch numerische Integration und implementierte sie in Form eines Baukastensystem in ein Berechnungsprogramm, in dem Scherflächen eines Profils, bezogen auf die Scherflächen des flächengleichen Rundstabes, berechnet werden können. Bei Benutzung des Programmes ist zur Ermittlung der profilspezifischen Scherfläche nur die Angabe der Profil- und Maschinenparameter, wie z.B. Schenkellänge, Stegbreiten und Aufnehmerdurchmesser nötig. Die zum Bearbeitungszeitpunkt im Programm verfügbaren Profilformen zeigt Bild 9.

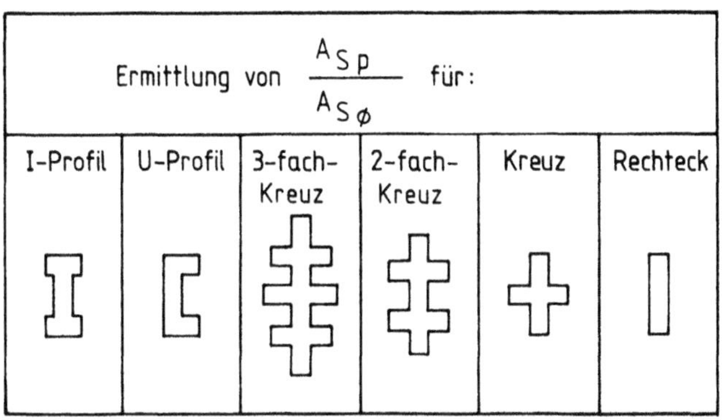

Bild 9: Scherflächenberechnung für unterschiedliche Profilformen nach /17/.

Damit stehen genauere Aussagen über die Geometrie der Umformzone beim VVSP für ein erweitertes Profilspektrum zur Verfügung.

4.1.2 Kräfte und Arbeiten

Bild 10 zeigt den qualitativen Verlauf der Stempelkraft beim VVSP in Abhängigkeit vom Stempelweg.

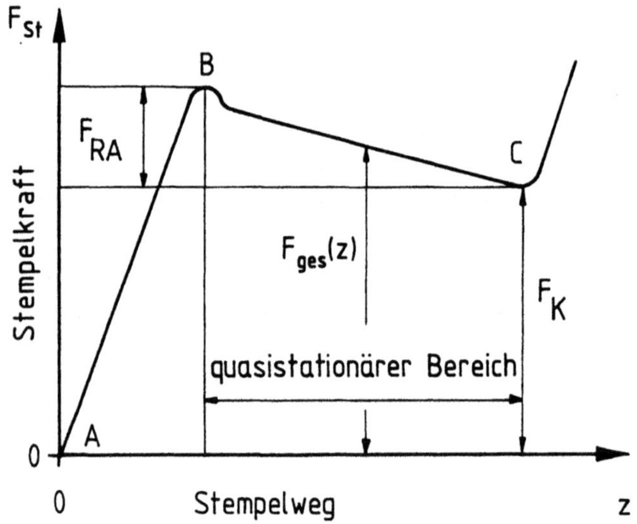

Bild 10: Kraft-Weg-Verlauf beim VVSP.

Während des instationären Anfahrvorgangs (A-B) wird der Block gestaucht, was sich in einem starken Kraftanstieg bemerkbar macht. Der Verlauf im Bereich B-C kennzeichnet den stationären Auspreßvorgang. Während des Auspreßvorgangs sinkt die Preßkraft stetig. Dieser Umstand ist auf die mit kleiner werdender Restblocklänge abnehmende Reibkraft am Aufnehmer zurückzuführen. Am Ende des Preßvorgangs (Punkt C) wird der Werkstofffluß stark inhomogen, was zusätzliche innere Schiebungen und dadurch starke Krafterhöhungen hervorruft /2/. Zur Berechnung der für den Umformvorgang benötigten Gesamtkraft kann nach der elementaren Theorie eine Arbeitsbetrachtung durchgeführt werden. Hierzu müssen einige Vereinfachungen getroffen werden:

- Die Umformung ist axialsymmetrisch.
- Die Umformung ist parallelepipedisch, d.h. ebene Querschnitte bleiben während der Umformung eben.
- Es gilt die Fließbedingung von Tresca

$$k_f = \sigma_1 - \sigma_3 \tag{1}$$

mit

$$\sigma_1 \geq \sigma_2 \geq \sigma_3 \tag{2}$$

- Es bilden sich, wie oben beschrieben, während des Preßvorgangs kegelförmige Umformzonen mit einem Scherflächenwinkel von 2α' = 90 °.

Die Eigenschaften des Werkstück-Werkstoffes sind gekennzeichnet durch seine Fließspannung k_f:

$$k_f = f\left(\varphi, \dot{\varphi}, \vartheta\right) \tag{3}$$

Während des Umformvorgangs kann der Werkstoff dynamisch verfestigen, ebenfalls abhängend von der Temperatur. Die Fließspannung k_f eines Werkstoffelementes erhöht sich umso mehr je näher es dem Matrizendurchbruch kommt. Vereinfachend wird allerdings oft angenommen, der Werkstoff habe im starren Bereich vor der Umformzone die Anfangsfließspannung k_{f0}, nach Verlassen der Matrize eine erhöhte Fließspannung k_{f1} und in der Umformzone die mittlere Fließspannung k_{fm} mit

$$k_{fm} = \frac{1}{\varphi} \int_{\varphi_0}^{\varphi_1} k_f \, d\varphi \tag{4a}$$

oder vereinfacht

$$k_{fm} = \frac{k_{f0} + k_{f1}}{2} \tag{4b}$$

Unter diesen Annahmen können die einzelnen Teilkomponenten der Gesamtarbeit bzw. der Gesamtkraft beim VVSP ermittelt werden.

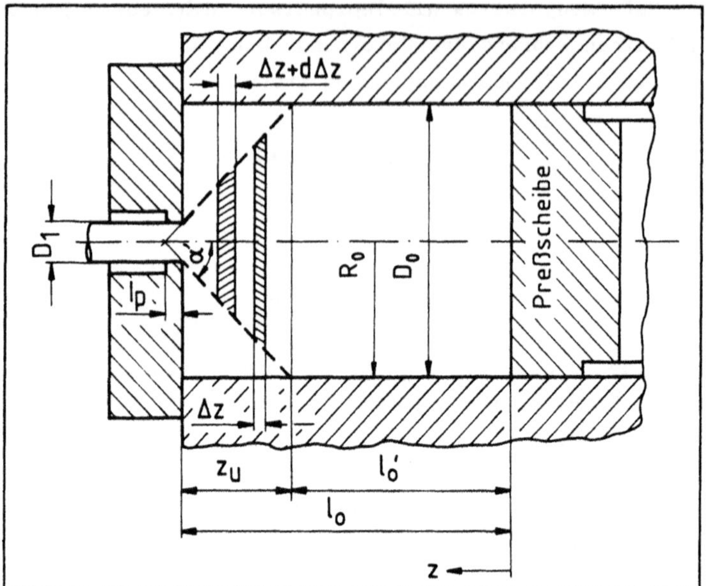

$A_0 = 1/4 \cdot \pi \cdot D_0^2$	- Querschnittsfläche des Werkstücks
$A_1 = 1/4 \cdot \pi \cdot D_1^2$	- Querschnittsfläche des Stranges
A_0 / A_1	- Verpressungsverhältnis
$A_R = D_0 \cdot \pi \cdot l_0'$	- Reibfläche am Rezipienten
$A_P = U_P \cdot l_P$	- Reibfläche im Matrizendurchbruch
A_{S_P}	- Scherflächeninhalt eines Profiles
$A_{S_\emptyset}$	- Scherflächeninhalt beim axialsymmetrischen Pressen
$V_0 = A_0 \cdot l_0$	- Volumen des Werkstücks
U_P	- Profilumfang
l_1	- Stranglänge
l_P	- Länge der Reibfläche im Preßkanal
v_{St}	- Stempelgeschwindigkeit
$v_{Str} = v_{St} \cdot (A_0 / A_1)$	- Stranggeschwindigkeit

Bild 11: Geometrieverhältnisse und Bezeichnungen zur Bestimmung der Umformarbeit.

Die Gesamtarbeit wird bestimmt aus

$$W_{ges} = W_{id} + W_{Sch} + W_S + W_{RR} + W_{RM} \,. \qquad (5)$$

Auf die Einzelkomponenten wird im folgenden eingegangen. Die geometrischen Verhältnisse sind in Bild 11 dargestellt.
Die <u>ideelle Umformarbeit</u> W_{id} läßt sich aus der Umformung eines scheibenförmigen Werkstoffelements herleiten. Für eine derartige Scheibe gilt in der Umformzone

$$dW_{id} = \Delta z \, dA \, \sigma_r + \left| A \, d\Delta z \, \sigma_z \right| . \qquad (6)$$

Unter der Bedingung der Volumenkonstanz und der Fließbedingung von Tresca gilt

$$W_{id} = V \int_{A_0}^{A_1} k_f \frac{dA}{A} \,, \qquad (7)$$

wobei A_0 und A_1 die Querschnittsflächen an Beginn und Ende der Umformzone sind.

Mit $\varphi_{max} = ln \dfrac{A_0}{A_1}$ und (4) wird die ideelle Umformarbeit zu

$$W_{id} = V_0 \, k_{fm} \, \varphi_{max} \,. \qquad (8)$$

Die <u>Schiebungsarbeit</u> W_{Sch} entsteht an Eintritt und Austritt der Umformzone. Es gilt für die Schiebung am Eintritt :

$$dW_{Sch_E} = \tau_{max_0} \, 2\pi \, \frac{r^2}{z} \, \Delta z \, dr \qquad (9)$$

Mit der maximal übertragbaren Schubspannung am Eintritt

$$\tau_{max_0} = k_{f0} / 2$$

und

$$\tan \alpha = \frac{R_0}{z_u}$$

wird die Schiebungsarbeit am Eintritt in die Umformzone

$$W_{Sch_E} = \frac{1}{3} k_{f0} \tan\alpha \, V_0 \quad . \tag{10}$$

Analog ergibt sich beim Austritt aus der Umformzone, allerdings mit veränderter Fließspannung:

$$W_{Sch_A} = \frac{1}{3} k_{f1} \tan\alpha \, V_0 \quad . \tag{11}$$

Die gesamte Schiebungsarbeit ergibt sich mit (4b) zu:

$$W_{Sch} = \frac{2}{3} k_{fm} \tan\alpha \, V_0 \quad . \tag{12}$$

Zur Überwindung der Scherung an der "Toten Zone" muß die Scherarbeit

$$W_S = k_{fm} V_0 \varphi_{max} \frac{1}{\sin 2\alpha'} \tag{13}$$

aufgebracht werden. Mit 2 α' = 90 ° wird (13) zu

$$W_S = k_{fm} V_0 \, \varphi_{max} = W_{id} \quad . \tag{14}$$

Zur Bestimmung der Reibungseinflüsse an Flächen mit Relativbewegungen zwischen Werkstück und Werkzeug wird gerne auf das Coulomb'sche Gesetz

$$\tau_R = \mu \, \sigma_R \tag{15}$$

zurückgegriffen. Allerdings setzt die quantitative Berücksichtigung dieses Modells die Bestimmung der Reibzahl μ voraus. Weiterhin bedeutet (15), daß die Reibschubspannung τ je nach Reibungsverhältnissen und Radialspannung beliebig wachsen kann. Dies entspricht nicht der Realität, wird doch in der Praxis der Werkstoff bei Überschreiten der maximal übertragbaren Schubspannung abscheren. Speziell für Aluminiumwerkstoffe, die ohne Schmierung "mit Schale" verpreßt werden, ist deshalb die Annahme

$$\tau_R = \tau_{max} = \frac{k_f}{2} \tag{16}$$

als obere Schranke realistischer.

Damit wird die Reibarbeit am Aufnehmer W_{RA} zu

$$W_{RA} = \int_0^{l'_0} \frac{k_{f0}}{2} A_R \, dz \tag{17}$$

und mit der Reibfläche am Rezipienten

$$A_R = \pi D_0 l'_0 \tag{18}$$

zu

$$W_{RA} = \frac{1}{4} k_{f0} \pi D_0 l'^2_0 \tag{19}$$

Analog kann die Reibarbeit im Preßkanal W_{RM} bestimmt werden.

$$W_{RM} = \frac{k_{f1}}{2} A_P \frac{A_0}{A_1} l_0 \quad . \tag{20}$$

Hierbei ist A_P die wirksame Reibfläche im Preßkanal. Sie wird mit dem Profilumfang U_P und der (konstanten) Preßkanallänge l_P zu

$$A_P = U_P \, l_P \quad . \tag{21}$$

Der Vollständigkeit halber erwähnt werden müssen die Reibarbeit an der Preßscheibe sowie die Beschleunigungsarbeit, die jedoch vernachlässigbar sind.

Mit Ausnahme der Reibarbeit am Rezipienten sind alle anderen Teilkomponenten der Gesamtarbeit im quasistationären Bereich (vergl. Bild 10), auf die Zeit bezogen, konstant. Für diesen konstanten Teil W_K der Gesamtarbeit W_{ges} gilt

$$W_K = W_{id} + W_S + W_{Sch} + W_{RM} \quad . \tag{22}$$

Werden die Einzelkomponenten eingesetzt wird daraus

$$W_K = \underbrace{2V_0 k_{fm} \varphi_{max}}_{id.Umform-undScherarbeit} + \underbrace{\frac{2}{3} V_0 k_{fm} \tan\alpha}_{Schiebung} + \underbrace{\frac{k_{f1}}{2} A_P \frac{A_0}{A_1} l_0}_{Reibungi.d.Matrize} \quad . \tag{23}$$

Für den quasistationären Teil des Strangpreßvorgangs gilt

$$F_K = \frac{W_K}{l_0} \quad . \tag{24}$$

Damit wird der konstante Kraftanteil F_K zu

$$F_K = 2k_{fm} \varphi_{max} A_0 + \frac{2}{3} k_{fm} A_0 + \frac{1}{2} k_{f1} A_P \frac{A_0}{A_1} \quad . \tag{25}$$

Zur Bestimmung der Gesamtkraft F_{ges} muß der Reibungsanteil am Aufnehmer hinzuaddiert werden.

$$F_{ges}(z) = F_K + F_{RA}(z) \tag{26a}$$

oder

$$F_{ges}(z) = 2k_{fm}\varphi_{max} A_0 + \frac{2}{3} k_{fm} A_0 + \frac{1}{2} k_{f1} A_P \frac{A_0}{A_1} + \frac{1}{2} k_{f0} \, \pi D_0 \left(l_0' - z\right). \tag{26b}$$

Die oben hergeleitete Näherungsformel gilt nur für den axialsymmetrischen Fall. Beim Strangpressen nicht axialsymmetrischer Profile muß der Profileinfluß zusätzlich beachtet werden. Mit Hilfe des Scherflächenmodells nach Voswinkel wurde in /17/ theoretisch und experimentell ein Zusammenhang zwischen der Profilpreßkraft F_P und der Preßkraft F_{ges} zum Pressen des flächengleichen Rundprofils hergeleitet.

$$\frac{F_P}{F_{ges_{\emptyset}}} = \frac{A_{S_P}}{A_{S_{\emptyset}}} \tag{27}$$

Durch Bestimmung der Scherfläche, die bei der Herstellung eines Profils entsteht, können damit Aussagen über profilspezifische Preßkräfte und Umformarbeiten getroffen werden.

Umformgeschwindigkeit und Temperatur haben mittelbaren Einfluß auf den Kraft- und Arbeitsbedarf beim VVSP. Der Zusammenhang zwischen der Stempelgeschwindigkeit und der Umformgeschwindigkeit kann für den axialsymmetrischen Fall vereinfacht dargestellt werden durch

$$\dot{\varphi}_V \approx \frac{6\,\varphi\, v_{St}}{D_0} \quad . \qquad (28)$$

Temperatur und Umformgeschwindigkeit beeinflussen die Fließspannung k_f des Werkstückwerkstoffs auf gegenläufige Art und Weise (vergl. Bild 12).

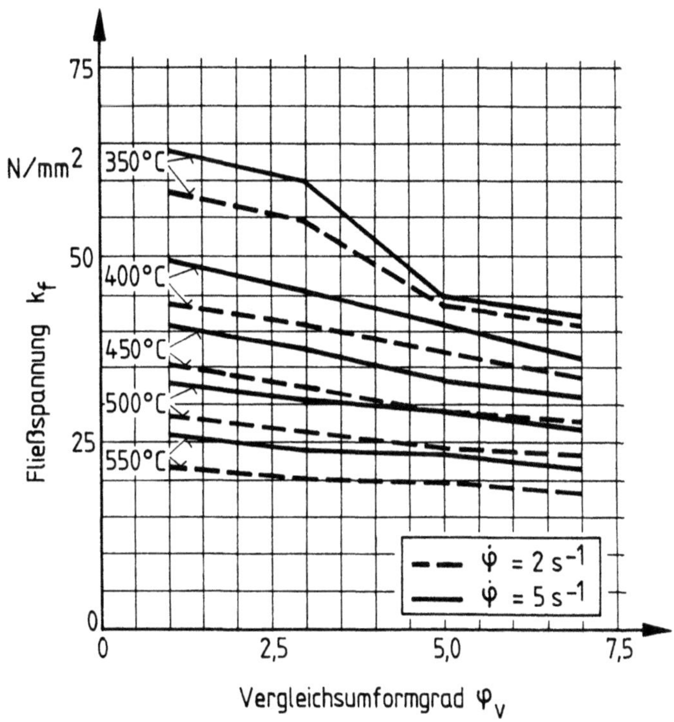

Bild 12: Fließkurven von AlMgSi0,5 nach /30/.

Mit zunehmender Stempelgeschwindigkeit, also zunehmender Umformgeschwindigkeit, steigt die Fließspannung des Werkstoffes an. Gleichzeitig bewirkt jedoch die erhöhte Geschwindigkeit des Vorgangs eine verminderte Wärmeabfuhr über die Werkzeuge und damit eine Temperaturerhöhung im Block. Die erhöhte Temperatur senkt wiederum die Fließspannung des Werkstoffs.

Die Temperatur des Werkstücks hat noch weitergehende Auswirkungen. So entscheidet sie darüber, ob es während der Umformung zu der oben erwähnten dynamischen Verfestigung des Werkstoffes kommt, oder ob die Entfestigung durch dynamische Rekristallisation überwiegt. Als grobe Abschätzung kann bei für das VVSP von Al-Legierungen gängigen Umformgraden und Umformgeschwindigkeiten davon ausgegangen werden, daß die dynamische Rekristallisation überwiegt /60/, sich also die Fließspannung während der Umformung nicht erhöht. In diesem Fall ist $k_{f1}=k_{fm}=k_{f0}$.

Nach elementarer Theorie entspricht der Vergleichsumformgrad φ_v dem größten auftretenden Umformgrad φ_{max} bei Verwendung des Fließkriteriums nach Tresca. Im folgenden soll deshalb ausschließlich der Vergleichsumformgrad φ_v und die Vergleichsumformgeschwindigkeit $\dot{\varphi}_v$ zur Anwendung kommen. Aus diesem Grund entfällt die Indizierung dieser Größen. Es gilt:

$$\varphi = \varphi_v = \varphi_{max} = ln \frac{A_0}{A_1} \tag{29}$$

$$\dot{\varphi} = \dot{\varphi}_v$$

4.2 Thermische Belastungen

4.2.1 Einflüsse auf die Wärmeproduktion

Die Einzelkomponenten der oben beschriebenen Umformarbeit werden zu ca. 93 % /6o/, die auf Reibung beruhenden Arbeiten ganz in Wärme umgewandelt. Diese Wärmequellen können räumlich verteilt angenommen werden (siehe Bild 13), entsprechend der Verteilung der sie hervorrufenden physikalischen Effekte.

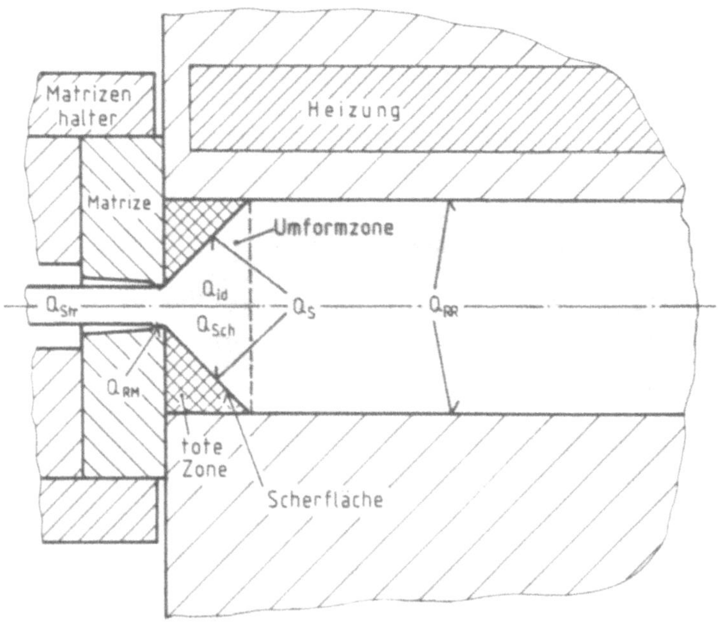

Bild 13: Räumliche Verteilung der Wärmequellen während des Strangpreßvorgangs.

Zusätzlich zu den bereits erwähnten Wärmequellen, die auf dem Umformvorgang beruhen, müssen noch weitere thermische Belastungen in Betracht gezogen werden.

Aufnehmerheizung

Die in den Aufnehmermantel eingebaute Induktionsheizung hält den Werkzeugsatz thermostatgesteuert auf einem relativ hohen Temperaturniveau. Bei Aluminiumlegierungen liegt die eingestellte Temperatur bei ca. 45o°C. Damit bestimmt die Aufnehmerheizung indirekt das Wärmeableitungsvermögen des Werkzeugsatzes. Zusätzlich ist natürlich aufgrund des hohen Temperaturniveaus mit einer starken thermischen Ausdehnung des Werkzeugsatzes zu rechnen.

Im Strang abgeführte Wärme

Wird während des Preßvorgangs der Werkstückwerkstoff erwärmt, so muß die mit dem Auspressen des Stranges gleichzeitig abgeführte Wärme mitberücksichtigt werden. Sie beträgt nach /61/

$$Q_{Str} = c \rho V_0 \Delta T \tag{30}$$

wobei ΔT der Temperaturunterschied zwischen Block und umgeformtem Strang ist. Hierbei ist c ist die Wärmekapazität, ρ die Dichte des Werkstückwerkstoffs.

Die entstehenden Reibwärmen verteilen sich auf das Werkzeug und das Werkstück im Verhältnis der Wärmeeindringkoeffizienten der jeweiligen Werkstoffe /32,62,63/:

$$\frac{Q_{RAW}}{Q_{RAB}} = \frac{b_W}{b_B} \tag{31}$$

Dabei sind Q_{RAW} und Q_{RAB} die in Werkzeug und Block anfallenden Wärmen, b_W und b_B sind die Wärmeeindringkoeffizienten von Werkstück und Block. Der Wärmeeindringkoeffizient ist definiert als

$$b = \sqrt{\lambda c \rho} \tag{32}$$

mit der Wärmeleitfähigkeit λ des jeweils betrachteten Werkstoffs.

Bei Einbeziehung nicht rotationssymmetrischer Profilquerschnitte ist mit einer Erhöhung der Wärmeproduktion in der Umformzone zu rechnen, die mit Hilfe des Scherflächenansatzes bestimmt werden kann. Aufgrund der oben beschriebenen thermischen Belastungen ist ein Temperaturfeld mit starker räumlicher Ausprägung zu erwarten. Das Temperaturmaximum wird im Preßkanal und in der Umformzone liegen. Die Bereiche der Aufnehmerheizung liegen ebenfalls auf hohem Temperaturniveau. Zu den Werkzeugaußenflächen hin nimmt die Temperatur stetig ab.

4.2.2 Temperaturverhalten in Abhängigkeit von Pressengröße und Betriebsart

Das bis jetzt dargestellte quasi-stationäre Verhalten beim Strangpressen bezieht sich genaugenommen auf das Fließverhalten, nicht auf das Temperaturverhalten während des Umformvorgangs. Das Temperaturfeld beim Strangpressen hängt vom Verhältnis von Wärmeabfuhr zu Wärmeproduktion ab. Unterschiedliche maschinentechnische und verfahrenstechnische Faktoren beeinflussen es nachhaltig:

- Das Verhältnis von Volumen zu Oberfläche der werkzeugnahen Bereiche der Presse ist ein Maß für das Wärmeableitungsvermögen während des Preßvorgangs.
- Werkstückvolumen, Preßgeschwindigkeit, und Stückfolgezeit sind bestimmend für die Wärmeproduktion.

Wenn Wärmeproduktion und Wärmeabfuhr im Gleichgewicht stehen, kann von einem stationären Temperaturverhalten ausgegangen werden. Strangpressen, die in der Produktion zum Einsatz kommen weisen in der Regel Merkmale auf, die auf ein stationäres Temperaturverhalten schließen lassen. Entsprechend große Volumen- zu Oberflächen-Verhältnisse bringen eine große Unempfindlichkeit im Temperaturverhalten und schlechte Wärmeableitungseigenschaften mit sich. Der Maschinenzyklus, bei dem die Rüstzeiten um mindestens eine Größenordnung unter den Preßzeiten liegen, bewirkt eine konstante Wärmezufuhr. In Verbindung mit dem Dauerbetrieb, in dem derartige Pressen normalerweise gefahren werden, läßt sich daraus schließen, daß sich in solchen Fällen ein nahezu stationäres Temperaturfeld über der Maschine auf hohem Niveau einstellt.

Dies ist bei Versuchspressen geringer Nennkraft nicht zu erwarten:

- Kleine Volumen-zu Oberflächen-Verhältnisse ermöglichen eine gute Wärmeabfuhr.
- Geringe Werkstückvolumina bedeuten geringere Wärmeproduktion.
- Versuchspressen werden nicht im Dauerbetrieb gefahren. Nach relativ kurzer Preßdauer folgt ein sehr langer Abschnitt des Werkzeug- und Werkstückwechsels, verbunden mit eventuellen Auswertearbeiten. Während dieser Zeit kann sich ein Temperaturanstieg im Werkzeugsatz wieder ausgleichen.

Aus diesen Gründen ist bei Betrachtung der thermischen Eigenschaften von Versuchsstrangpressen mit einem stark instationären Temperaturverhalten zu rechnen. Tabelle 1 zeigt zur Veranschaulichung einen Vergleich der am Institut für Umformtechnik der Universität Suttgart zur Verfügung stehenden Versuchsstrangpresse mit einer typischen Produktionsstrangpresse.

	Versuchspresse	Produktionspresse
Stempelkraft	3 MN	20 MN
Aufnehmer-innen-durchmesser	71 mm	210 mm
Aufnehmer-länge	250 mm	800 mm
Dicke des matrizenseitigen Werkzeugsatzes	80 mm	275 mm

Tabelle 1: Vergleich einer Versuchsstrangpresse mit einer Produktionsstrangpresse.

Bild 14 zeigt den mit Hilfe der FEM berechneten Temperaturverlauf über einer Flachmatrize mit quadratischem Matrizendurchbruch. Eine solche Matrize kommt in der bereits erwähnten Versuchsstrangpresse zum Einsatz. Bei der Berechnung wurde ein zeitlich unbegrenzter Strangpreßvorgang angenommen, um letztendlich dann ein stationäres Temperaturfeld zu erzielen.

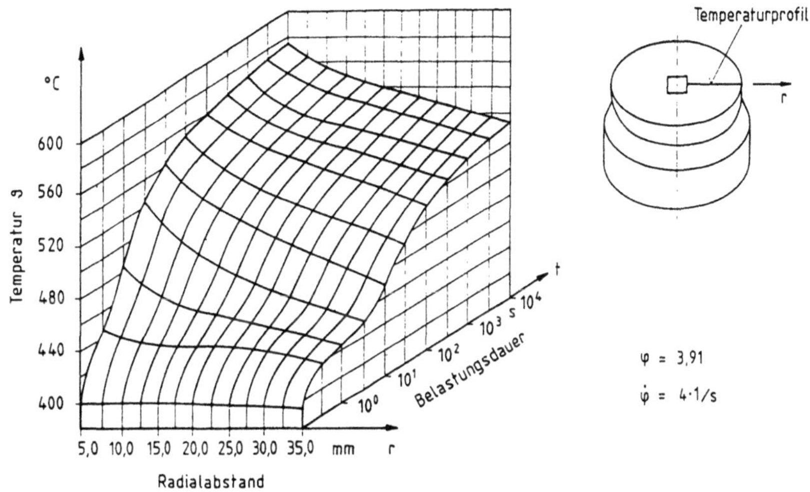

Bild 14: Instationäres Temperaturverhalten auf der Stirnfläche einer Flachmatrize.

Zu Beginn des Vorgangs herrscht eine gleichmäßige Temperatur über der Matrizenstirnfläche. Der Bereich des Matrizendurchbruchs erwärmt sich in kurzer Zeit sehr stark. Am Matrizenaußenrand erfolgt die Temperaturerhöhung mit zeitlichem Verzug. Das Temperaturmaximum liegt erwartungsgemäß am Durchbruch. Der Temperaturgradient in radialer Richtung ist zu Beginn des Vorgangs stark ausgeprägt, schwächt sich jedoch mit laufender Vorgangsdauer ab. Erst nach sehr langer Vorgangsdauer können kaum noch zeitliche Temperaturänderungen im Matrizendurchbruch festgestellt werden. Daraus ist zu schließen, daß bei der vorgestellten Versuchsstrangpresse im Gegensatz zu Produktionsstrangpressen nicht mit einem stationären Temperaturverhalten gerechnet werden kann.

4.3 Mechanische Belastungen

4.3.1 Berücksichtigung einzelner Belastungskomponenten

Analog zur räumlichen Verteilung der beim Umformvorgang anfallenden Arbeitsanteile werden die zugehörigen mechanischen Belastungen den jeweiligen Wirkflächen zugeordnet.

Axialdruck auf die Matrize

Auf die Matrize wirkt während des Umformvorgangs die um einen Reibungsanteil verminderte Stempelkraft (vergl. (25) und (26). Es gilt für den mittleren Matrizendruck p_M beim axialen Strangpressen:

$$p_M = \frac{A_0}{A_0 - A_1}\left(2k_{fm}\varphi_{max} + \frac{2}{3}k_{fm}\right) \tag{33}$$

p_M ist zeitlich konstant, sofern die Fließspannung des Werkstückwerkstoffs konstant bleibt. Damit ist der mittlere axiale Matrizendruck wie die Preßkraft direkt vom Umformgrad abhängig. Gieselberg /35/ ermittelte diese Abhängigkeit experimentell. Weiterhin bestimmte er mit in die Matrize eingebauten Meßstiften den Spannungsverlauf über der Matrizenstirnfläche (siehe Bild 15).

Beim axialsymmetrischen VVSP bildet sich eine parabelförmige Axialdruckverteilung aus. Bei quadratischem Matrizendurchbruch bleibt diese Verteilung im Schnitt durch die Seitenmitte des Profils erhalten. Beim Schnitt durch die Profilkante ergibt sich ein Druckanstieg zur Außenkante der Matrize hin. Die strichpunktierte Kurve gibt den mittleren Matrizendruck p_M nach (33) an. Die zugehörige Preßkraft wurde in eigenen Versuchen ermittelt. Es zeigt sich eine prinzipielle Übereinstimmung zwischen dem mittleren Matrizendruck p_M und der gemessenen Axialspannungsverteilung nach /35/.

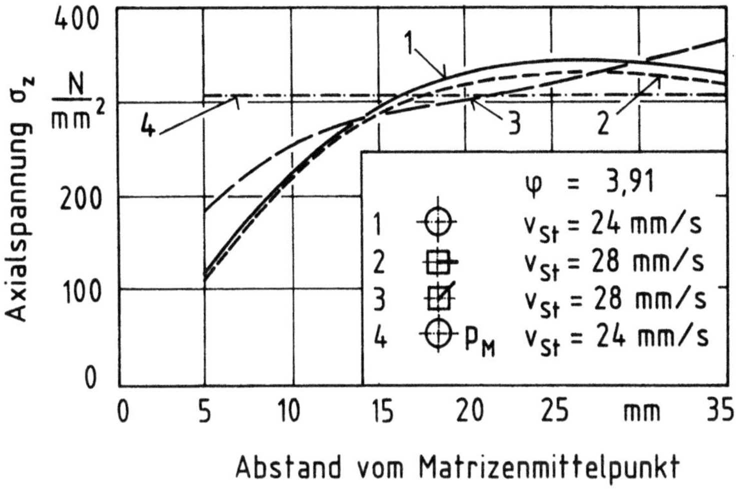

Bild 15: Axialspannungsverlauf auf der Matrizenstirnfläche beim VVSP /35/.

Mechanische Belastungen am Aufnehmer

Der Aufnehmer wird maschinenseitig und zusätzlich durch den Vorgang belastet. Maschinenseitig muß das Aufschrumpfen des Aufnehmermantels auf die Innenbüchse beachtet werden. Das zur Anwendung kommende Haftmaß liegt in Bereichen von 0,2% bis 0,3% . In axialer Richtung wirken erhebliche Druckkräfte an der Berührfläche zum matrizenseitigen Werkzeugsatz, die jedoch in starkem Maß vom Werkzeugaufbau abhängen. Während des Umformvorgangs wirken zum einen Reibkräfte, auf die bereits eingegangen wurde, zum anderen unterliegt der Aufnehmer einem radialen Druck. Als grobe Abschätzung dieses Drucks kann die Annahme des hydrostatischen Innendrucks herangezogen werden.

$$p_i = \frac{F_{St}}{A_0} \tag{34}$$

In Wirklichkeit entsteht der radiale Innendruck am Aufnehmer jedoch als Reaktion auf den Umformvorgang. Gedanklich läßt sich seine Entstehung wie folgt vorstellen: Bei Vorgangsbeginn wird der Block im Aufnehmer gestaucht, bis er an der Aufnehmerinnenwand ganz anliegt. Außerhalb der Umformzone verhindert der Radialdruck ein weiteres Aufstauchen /5/. Wenn ein Aufstauchen verhindert werden soll, muß nach dem Fließkriterium von Tresca gelten:

$$|\sigma_z - \sigma_r| \leq k_f \tag{35}$$

Da σ_r als Reaktion auf den Stauchvorgang entsteht kann der Grenzfall $\sigma_z - \sigma_r = k_f$ angenommen werden.

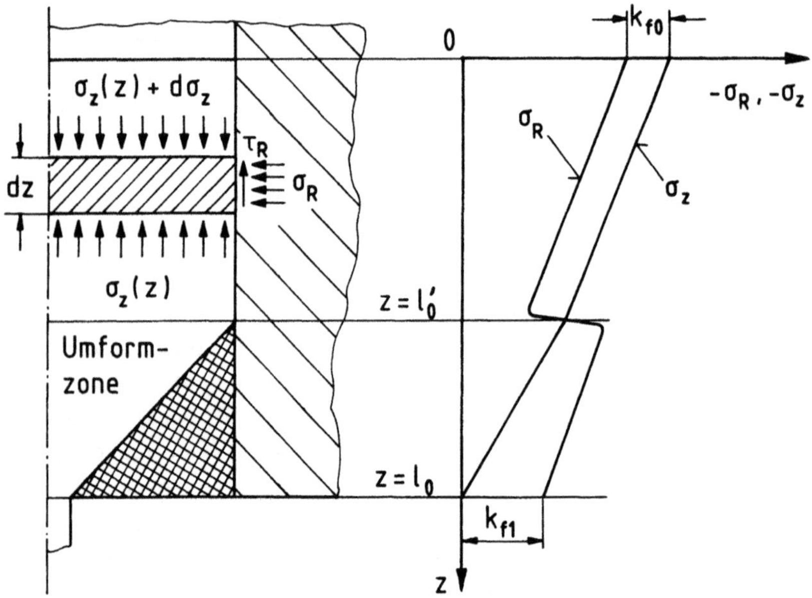

Bild 16: Spannungen an der Aufnehmer-Innenwand.

Die Axialspannung σ_z kann aus dem Kräftegleichgewicht für ein Scheibenelement außerhalb der Umformzone ermittelt werden. Es gilt (vergl. Bild 16):

$$d\sigma_z A_0 = \tau_R D_0 \pi dz \tag{36}$$

oder

$$d\sigma_z = 4\frac{\tau_R}{D_0} dz \tag{37}$$

Am Rand des Elements wirkt dabei die maximale Schubspannung $\tau_R = k_{f0}/2$. Damit wird (37) durch Integration über dem Weg zu

$$\sigma_z(z) = 2\frac{k_{f0}}{D_0}(l_0' - z) + \sigma_z(l_0') \tag{38}$$

In (38) ist nur noch die Spannung am Eintritt in die Umformzone ($z=l_0'$) unbekannt. Nach /51/ gilt für die Spannung in der Eintrittsebene der Umformzone (axialsymmetrisches VVSP):

$$\sigma_z(z = l_0') = \frac{1}{\eta_u}\sigma_{id} \tag{39}$$

Dabei ist σ_{id} der von den ideellen Umformung herrührende Spannungsanteil

$$\sigma_{id} = k_{fm}\varphi \tag{40}$$

und η_u das Verhältnis von ideeller Umformarbeit zu allen in der Umformzone anfallenden Teilarbeiten.

$$\eta_u = \frac{W_{id}}{W_{id} + W_S + W_{Sch}} \tag{41}$$

Somit kann eine Aussage über den Radialspannungsverlauf an der Rezipienteninnenwand außerhalb der Umformzone getroffen werden. Am Eintritt in die Umformzone kommt es zu einem Sprung im Verlauf der Radialspannung. Innerhalb der Umformzone gilt (vergl.(35)).

$$\sigma_r - \sigma_z = k_f \tag{42}$$

Den prinzipiellen Spannungsverlauf in axialer und radialer Richtung während des Umformvorgangs zeigt Bild 16.

Mechanische Belastungen im Preßkanal

Durch die Gestaltung der Laufflächen kann der Auslauf des Stranges in weiten Bereichen gesteuert werden. Diese große Variabilität der Preßkanalgestaltung kann hinsichtlich ihrer Auswirkung auf die Matrizenbelastung nicht erfaßt werden. Es können jedoch Grenzwerte festgelegt werden. Als radiale Belastung im Preßkanal kann die Radialspannung bei Verlassen der Umformzone angenommen werden. Diese wird, da nach elementarer Theorie σ_z an dieser Stelle verschwindet (vergl. Bild 16), zu $\sigma_R = k_{f1}$. Als obere Grenze für die Reibung im Preßkanal kann die Schubfließgrenze $k = k_{f1}/2$ angenommen werden.

4.3.2 Einfluß von Schließdruck und Abdichtungsart

Wesentlichen Einfluß auf das Verformungsverhalten des Werkzeugsatzes während des Preßvorgangs haben der Schließdruck der Maschine und die Abdichtungsart des Werkzeugsatzes. Üblicherweise wird zum Schließen des Werkzeugsatzes der verschiebbare Aufnehmer hydraulisch gegen den matrizenseitigen Werkzeugsatz gepreßt. Unter diesen Bedingungen kommt meist ein Flach- oder Zylinderabschluß zwischen Matrize und Aufnehmer zur Anwendung. Der matrizenseitige Werkzeugsatz ist im Maschinenbett gelagert. Bei der betrachteten Versuchspresse wird der Schließdruck dagegen anders aufgebracht (vergl. Bild 17): Der matrizenseitige Werkzeugsatz wird gegen den Aufnehmer gefahren, der fest gelagert ist. Durch Einschieben eines Keils zwischen den Werkzeugsatz und das dahinterliegende Maschinenbett wird der Werkzeugsatz axial verspannt. Die Dichtfläche zwischen Aufnehmer und Matrize ist kegelförmig ausgebildet. Diese verschiedenen Möglichkeiten, den Schließdruck aufzubringen, haben unterschiedliche Auswirkungen auf das Verformungsverhalten des Werkzeugsatzes, besonders unter thermischer Last. Bild 17 verdeutlicht dies. Bei Verwendung von Flachabschluß und verschiebbarem Aufnehmer bewirkt die Belastung durch Heizung und Preßvorgang folgendes Verhalten (Effekte mechanischer Belastungen werden nicht berücksichtigt):

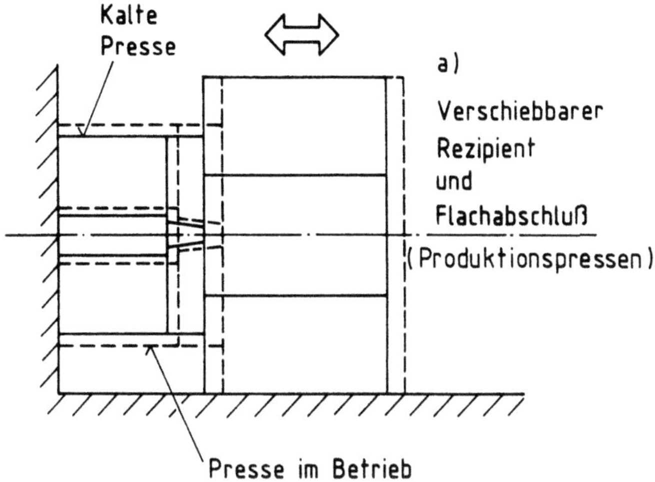

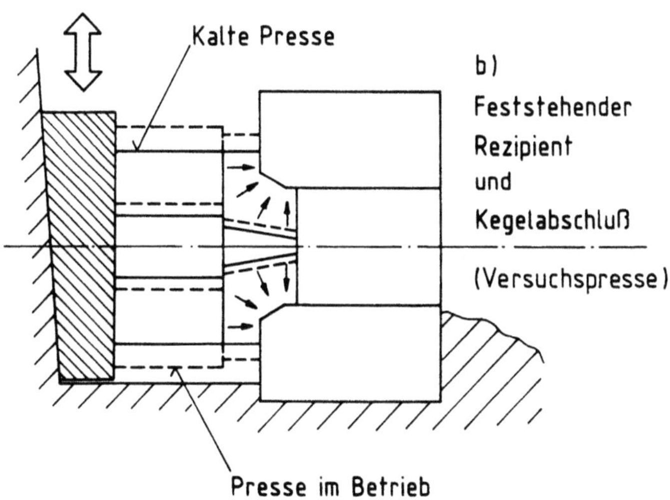

Bild 17: Einfluß von Schließdruck und Abdichtungsart auf das Verformungsverhalten des Werkzeugsatzes.

Aufgrund starker Temperaturerhöhungen dehnt sich der matrizenseitige Werkzeugsatz aus. In radialer Richtung wird er nur durch Reibung daran gehindert. In axialer Richtung wirkt die konstante Schließkraft der hydraulischen Aufnehmerpositionierung. Nach Überwinden dieser Kraft kann sich der Werkzeugsatz auch entsprechend axial ausdehnen.

Bei feststehendem Aufnehmer ist ein anderes Verformungsverhalten zu erwarten: Da die Matrize über einen Kegel gegen den Aufnehmer abgedichtet ist, wird sie bei Temperaturerhöhung an der radialen Aufweitung behindert. Der Aufnehmer wirkt wie ein radialer Stützring. Die axiale Ausdehnung ist durch die Verspannung des Werkzeugsatzes im Maschinenbett stark behindert und wird direkt von dem Temperaturniveau des Maschinenbetts beeinflußt. Das kann in der Praxis sogar dazu führen, daß bei zu großer thermischer Ausdehnung ein Hochfahren des Keils nicht möglich ist. Durch diese axialen und radialen Behinderungen haben lokale Temperaturerhöhungen direkten Einfluß auf das Verformungsverhalten des Werkzeugsatzes. Dieser wesentliche Unterschied zwischen der betrachteten Versuchspresse und in der Produktion eingesetzten Pressen muß zusätzlich beachtet werden.

4.4 Allgemein anwendbare Vorgehensweise zur Bestimmung der Werkzeugverformungen beim VVSP von Al - Legierungen

Im folgenden soll eine Möglichkeit beschrieben werden, wie, ausgehend von der gewünschten Profilform, mit Hilfe der oben beschriebenen Belastungsannahmen eine Finite-Elemente-Simulation der zu erwartenden Werkzeugverformungen erfolgen kann. Mit Hilfe der berechneten Werkzeugverformungen und zusätzlicher Annahmen über die Strangschwindung können nötige Matrizenkorrekturwerte gefunden werden. Das beschriebene Vorgehen ist für das VVSP von Al-Legierungen mit Flachmatrizen anwendbar, eine Übertragung auf andere Strangpreßverfahren und andere Werkstückwerkstoffe ist prinzipiell möglich. Dazu nötig sind nur Änderungen der Randbedingungen im Detail. Bild 18 zeigt das Vorgehen in einzelnen Schritten.

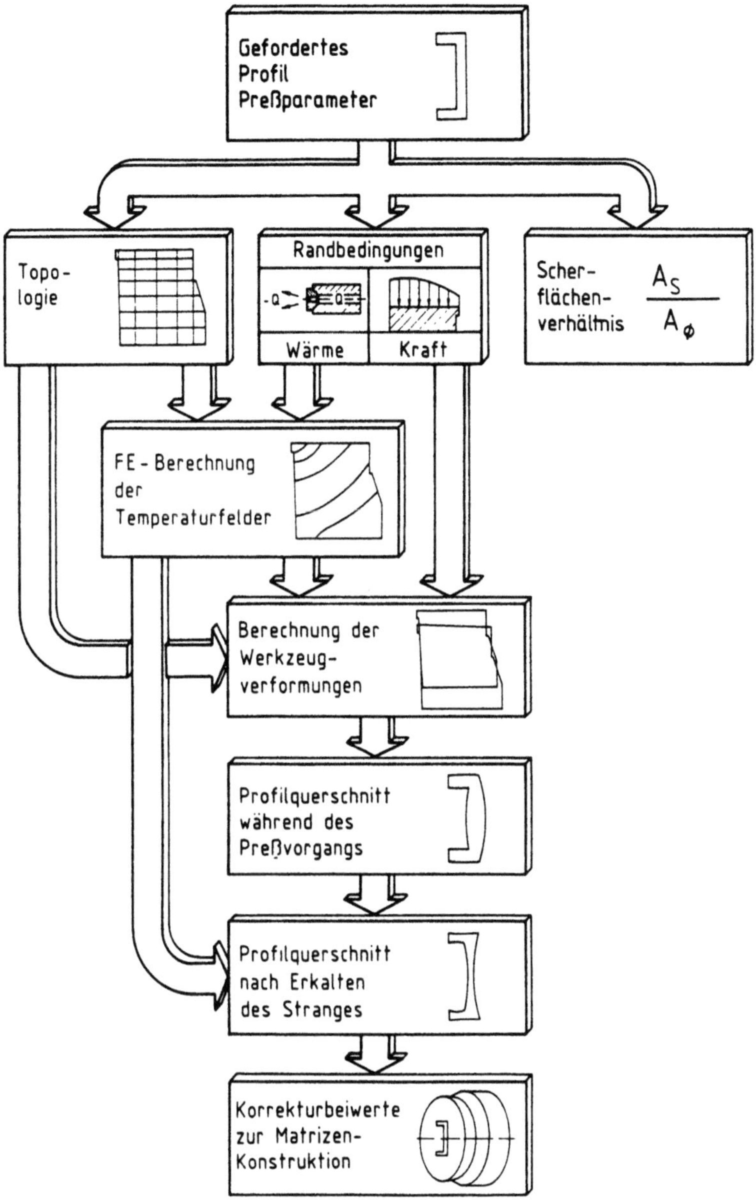

Bild 18: Vorgehensweise zur Ermittlung von Werkzeugverformungen beim VVSP von Al-Legierungen.

Ausgangspunkt ist der geforderte Profilquerschnitt einschließlich der gewünschten Parameter des Preßvorgangs. Von Vorteil ist dabei natürlich, wenn Profilkonstruktion und Werkzeugkonstruktion rechnerunterstützt erfolgen. Dadurch liegen die erforderlichen Geometriedaten bereits in einer Form vor, die zur Weiterverarbeitung in einem FE-Programm geeignet ist.
Mit Hilfe der Profilquerschnittsgeometrie und den Maßen des Aufnehmer kann die profilspezifische Scherfläche und das Scherflächenverhältnis $A_s/A_\emptyset$ bestimmt werden.

Für das gewählte Profil muß eine Idealisierung des Werkzeugsatzes erfolgen. Je nach Kompliziertheit des Profilquerschnitts wird diese Idealisierung mehr oder weniger aufwendig. Mit Hilfe entsprechender programmtechnischer Hilfsmittel (Pre-Prozessoren) läßt sich der Aufwand stark verringern.
Mit Hilfe der Preßparameter und des Scherflächenverhältnisses können Randbedingungen sowohl thermischer als auch mechanischer Art festgelegt werden. Damit sind die Voraussetzungen zur FE-Berechnung der Temperaturfelder während des Preßvorgangs geschaffen. Von der Pressengröße und der Betriebsart hängt ab, ob die Temperaturfelder zeitlich stationär oder instationär betrachtet werden müssen.

Das Temperaturfeld des Werkzeugsatzes wird direkt im zweiten FE-Berechnungsgang, der Ermittlung der Werkzeugverformungen weiterverwendet. Zusätzlich werden Kraftrandbedingungen angesetzt. Damit ist die Geometrie der formgebenden Öffnung im Augenblick des Auspressens bekannt. Der Profilquerschnitt während des Preßvorgangs entspricht dieser Geometrie.

Beim Erkalten erfährt der Strang allerdings eine erhebliche Volumenschwindung, die von der Strangtemperatur bei Verlassen des Matrizendurchbruchs abhängt. Mit Hilfe der bereits vorher berechneten Temperaturen des Werkzeugsatzes lassen sich Aussagen über die Schwindung bei Erkalten des Stranges treffen.

Die Querschnittsgeometrie des erkalteten Stranges liefert direkt die nötigen Korrekturbeiwerte zur Matrizenkonstruktion.

5 Berechnungsgrundlagen

Die Grundlagen der Methode der Finiten Elemente werden in /64,65,66/ ausführlich behandelt. In diesem Rahmen soll nur ein kurzer Abriß der FEM erfolgen, um das Verständnis zu erleichtern.

Bei der Anwendung der FEM wird das reale Bauteil durch ein Rechenmodell angenähert, das aus einer endlichen Anzahl von Elementen besteht. Diese Elemente einfacher Gestalt werden durch gemeinsame Knotenpunkte miteinander verbunden. Den Elementen werden Materialeigenschaften zugewiesen. An den Knotenpunkten können Belastungen angenommen werden. Für die Beschreibung der Temperatur bzw. Verschiebungsverteilung im Element werden einfache, lineare oder quadratische Ansatzfunktionen gewählt.

Bei der Temperaturrechnung erfolgt die Ermittlung der Temperaturverteilung durch das Lösen der Wärmebilanzgleichung mit Hilfe eines virtuellen Temperaturfeldes, das die Randbedingungen exakt erfüllt.

Bei der statischen Rechnung führt die Anwendung des Prinzips der virtuellen Arbeit auf ein lineares Gleichungssystem für die unbekannten Knotenverschiebungen. Über ein entsprechendes Stoffgesetz können zugehörige Spannungen ermittelt werden. Die Zusammenfassung der einzelnen Elemente liefert das Verformungsverhalten der Gesamtstruktur.

5.1 Grundgleichungen der FEM

5.1.1 Wärmeübertragung

Für ein Volumenelement dV = dxdydz lautet die Wärmebilanz (Fourier-Gleichung) /63,67/:

$$\kappa \dot{T} + div\, \underline{\dot{q}}_{\lambda} = \dot{q}_i \qquad (43)$$

mit der Wärmekapazität

$$\kappa = c\ \rho\ , \qquad (44)$$

den ein- bzw. austretenden Wärmeströmen

$$div\, \dot{q}_{\lambda} = \frac{\partial \dot{q}_x}{\partial x} + \frac{\partial \dot{q}_y}{\partial y} + \frac{\partial \dot{q}_z}{\partial z}\ , \qquad (45)$$

den äußeren Wärmeströmen q_i (Quellen und Senken)

und der Wärmestromdichte

$$\dot{q}_{\lambda} = -\underline{\underline{\lambda}}\, gradT\ . \qquad (46)$$

gradT ist der Temperaturgradient in der jeweiligen Raumrichtung, $\underline{\underline{\lambda}}$ die Wärmeleitmatrix, c die spezifische Wärmekapazität und ρ die Dichte.

Mit (46), (45) und (44) wird (43) zu

$$(\frac{\partial \dot{q}_x}{\partial x} + \frac{\partial \dot{q}_y}{\partial y} + \frac{\partial \dot{q}_z}{\partial z}) + \rho c\, \frac{\partial T}{\partial t} = \dot{q}_i \qquad (47)$$

oder in Matrizenschreibweise zu

$$-\, \underline{D}^T \underline{\underline{\lambda}}(\underline{D} T) + \rho c \dot{T} = \dot{q}_i \qquad (48)$$

$\underline{D}$ ist der Vektor der Differentialoperatoren.

Die Anfangsbedingung zur Zeit T_0 lautet:

$$T(\underline{x},t) = T_0(\underline{x},t) \,. \tag{49}$$

An der Oberfläche wirken entweder vorgeschriebene Temperaturen T mit

$$T(\underline{x},t) = \overline{T}(\underline{x},t) \tag{50}$$

oder es findet ein Wärmeübergang zur Umgebung (Temperatur T_∞) statt:

$$-\,\underline{D}_n^T \lambda\,(\underline{D}_n T) = \alpha[T(\underline{x},t) - T_\infty(\underline{x},t)] \,. \tag{51}$$

Der Vektor D_n enthält die Richtungskosine der Normalen n zu der Oberfläche, an der Wärmeübergang auftritt. Der Wärmeübergangskoeffizient α ist nicht konstant:

$$\alpha = \alpha\left(T(\underline{x},t)\right)$$

Die Wärmebilanz über dem Volumenelement ergibt mit der Fourier-Gleichung und unter Berücksichtigung von Variationsformulierungen (virtuelles Temperaturfeld δT) sowie unter Beachtung der Übergangsrandbedingungen (50), (51):

$$\int_V \delta T[\rho\, c\, \dot{T} - \underline{D}^T \underline{\underline{\lambda}}(\underline{D}T) - \dot{q}]dV \tag{52}$$

$$+ \int_{A_q} \delta T\,[\,\underline{D}_n^T \underline{\underline{\lambda}}(\underline{D}T) + \alpha\,(T - T_\infty)\,]\,dA = 0 \;\;.$$

Diskretisierung mit Finiten Elementen

Elementebene

Ausgehend von (52) wird die Lösung für ein einzelnes Element bestimmt. Die unbekannten Temperaturen im Element werden durch einen Ansatz angenähert:

$$T(\underline{x},t) = \underline{\omega}^T(\underline{x})\,\underline{T}_e(t) \tag{53}$$

$\underline{\omega}$ ist hierin der Vektor der Ansatzfunktonen des Elementes, $\underline{T}_e$ der Vektor der unbekannten Elementenknotentemperaturen. Das Einsetzen von (53) in (52) ergibt mit Hilfe des Gaußschen Intergralsatzes

$$\underbrace{\int_{V_e} \rho c \underline{\omega}\underline{\omega}^T dV}_{\underline{\underline{C}}_e} \dot{\underline{T}}_e +$$

$$\underbrace{\left[\int_{V_e} (\underline{D}\underline{\omega}^T)^T \underline{\underline{\lambda}} (\underline{D}\underline{\omega}^T) dV + \int_{A_e} \alpha \underline{\omega}\underline{\omega}^T dA\right]}_{\underline{\underline{\lambda}}_e} T_e = \underbrace{\int_{A_e} \underline{\omega} \alpha T_\infty dA}_{\underline{Q}_e} \quad (54)$$

oder

$$\underline{\underline{C}}_e \dot{\underline{T}}_e + \underline{\underline{\lambda}}_e \underline{T}_e = \dot{\underline{Q}}_e \quad (55)$$

mit der Kapazitätsmatrix $\underline{\underline{C}}_e$, der Konduktivitätsmatrix $\underline{\underline{\lambda}}_e$ und dem Wärmelastvektor $\underline{Q}_e$.

Strukturebene

Der Zusammenbau der einzelnen Elemente zur Gesamtstruktur ist über eine Boole'sche Zuordnungsmatrix $\underline{b}$, die nur aus Elementen 0 und 1 besteht, möglich. Der Wärmehaushalt der Gesamtstruktur ergibt sich zu:

$$\underline{\underline{C}} \dot{\underline{T}} + \underline{\underline{\lambda}} \underline{T} = \dot{\underline{Q}} \quad (56)$$

mit

$$\underline{\underline{C}} = \sum_{e=1}^{m} \underline{b}^T \underline{\underline{C}}_e \underline{b} \quad (57a)$$ Wärmekapazität der der Gesamstruktur

$$\underline{\underline{\lambda}} = \sum_{e=1}^{m} \underline{b}^T \underline{\underline{\lambda}}_e \underline{b} \quad (57b)$$ Wärmeleitfähigkeit der Gesamtstruktur

$$\dot{\underline{Q}} = \sum_{e=1}^{m} \underline{b}^T \dot{\underline{Q}}_e \quad (57c)$$ Wärmelastvektor der Gesamtstruktur

Die Summation erstreckt sich über alle m Elemente der Gesamtstruktur.

Stationäre und instationäre Lösungen

Bei einer stationären, d.h. zeitlich konstanten Lösung des Problems entfällt das zeitabhängige Glied in (56). Das Problem reduziert sich zu

$$\underline{\underline{\lambda}}\,\underline{T} = \underline{\dot{Q}} \quad . \tag{58}$$

Die Lösung dieses linearen Gleichungssystems liefert stationäre Knotentemperaturen der Gesamtstruktur.

Bei zeitlicher Veränderung des Temperaturfeldes muß die Lösung in einzelnen Zeitschritten erfolgen. Im Zeitintervall

$$\Delta t = t_{n+1} - t_n \tag{59}$$

wird die Abhängigkeit der Temperatur von der Zeit durch den linearen Ansatz

$$\underline{T}(t) = \tfrac{1}{2}(1+\xi)\underline{T}_{n+1} + \tfrac{1}{2}(1-\xi)\underline{T}_n \tag{60}$$

beschrieben. $\underline{T}_n$ und $\underline{T}_{n+1}$ bezeichnen die Temperaturen am Anfang und Ende des Zeitschritts. ξ ist dimensionslos mit $-1 \le \xi \le +1$.

Durch Ableitung der Ansatzfunktion erhält man:

$$\underline{\dot{T}} = \tfrac{1}{\Delta t}\left(\underline{T}_{n+1} - \underline{T}_n\right) \quad . \tag{61}$$

(61) und (60) in (56) eingesetzt ergibt:

$$\underbrace{[\frac{1}{\Delta t}\,\underline{\underline{C}} + \underline{\underline{\lambda}}]}_{\underline{\underline{C}}^*}\,\underline{T}_{n+1} = \underbrace{\underline{\dot{Q}}_{n+1} + \frac{1}{\delta t}\,\underline{\underline{C}}\,\underline{T}_n}_{\underline{Q}^*}$$

oder (62)

$$\underline{\underline{C}}^*\,\underline{T}_{n+1} = \underline{Q}^* \quad .$$

$\underline{\underline{C}}^*$ ist hierbei die effektive Konduktivitätsmatrix und $\underline{Q}^*$ der effektive Wärmelastvektor.

Durch Lösung des nun linearen Gleichungssystems (62) erhält man, wie im stationären Fall, die Knotentemperaturen der Gesamtstruktur, allerdings für jeden diskreten Zeitschritt.

5.1.2 Elastostatik

Im folgenden soll die mathematische Formulierung der Verschiebungsmethode skizziert werden.

Die Grundgleichungen der Elastostatik beruhen auf folgenden 3 Überlegungen:

1. Statische Verträglichkeit der Kräfte

Die an einem Volumenelement angreifenden äußeren Kräfte und seine inneren Kräfte stehen im Gleichgewicht. Für dieses Volumenelement gilt die Beziehung

$$\underline{\underline{D}}^T \underline{\sigma} + \underline{p}_v = 0 \quad . \tag{63}$$

$\underline{\underline{D}}$ ist hierbei ein kartesischer Differentialoperator, $\underline{\sigma}$ der am Element angreifende Spannungsvektor, $\underline{p}_v$ sind die angreifenden Volumenkräfte.

2. Kinematische Verträglichkeit der Verschiebungen

Benachbarte Elementberandungen dürfen nicht auseinanderklaffen oder sich überlappen. An kinematisch vorgegebenen Randpunkten müssen die Verschiebungen diese Randbedingungen exakt erfüllen. Dies wird beschrieben durch

$$\underline{\varepsilon} = \underline{\underline{D}}\,\underline{u} \quad . \tag{64}$$

Dabei beschreibt $\underline{\varepsilon}$ die Elementdehnungen und $\underline{u}$ die Verschiebungen im Element.

3. Stoffgesetz

Ein Stoffgesetz legt das Verhalten des Werkstoffes fest, d.h. es beschreibt den Zusammenhang zwischen Dehnungen und Spannungen. Im Bereich linear-elastischen Verhaltens gilt das Hookesche Gesetz:

$$\underline{\sigma} = \underline{\underline{E}}\,\underline{\varepsilon} \ . \tag{65}$$

$\underline{\underline{E}}$ beschreibt die elastischen Eigenschaften des Werkstoffelements.

Diese 3 Beziehungen bilden ein System von Differentialgleichungen mit den 15 unbekannten Feldgrößen $\underline{\sigma}$, $\underline{\varepsilon}$, $\underline{u}$. Für einfachste Geometrien sind die beschriebenen DGL geschlossen lösbar, in den meisten Fällen müssen die Lösungen der DGL jedoch durch ein numerisches Näherungsverfahren gefunden werden. Hier kommt das Prinzip der virtuellen Arbeit zur Anwendung. Jedem Knoten wird hierbei eine willkürliche virtuelle Verschiebung aufgeprägt. Die durch die angreifenden Kräfte verrichtete äußere Arbeit wird der inneren Arbeit gleichgesetzt:

$$\delta W_a = \delta W_i \ . \tag{66}$$

Elementebene

Die Verschiebungen im Element sind über die Beziehung

$$\underline{u} = \underline{\underline{N}}\,\underline{a} \tag{67}$$

bestimmt, mit $\underline{u}$ Verschiebungen im Element,
$\underline{a}$ Verschiebungen der Knotenpunkte,
$\underline{\underline{N}}$ Matrix der Ansatzfunktionen.

Entsprechend gilt für die virtuellen Verschiebungen und mit (64) für die virtuellen Dehnungen

$$\delta \underline{u} = \underline{\underline{N}}\, \delta \underline{a} \qquad \text{und} \qquad \delta \underline{\epsilon} = \underline{\underline{D}}\, \underline{\underline{N}}\, \delta \underline{a} \; . \tag{68}$$

Von äußeren Knotenpunktskräften $\underline{f}$ wird hierbei Arbeit verrichtet:

$$\delta \underline{a}^T \underline{f} \; . \tag{69}$$

Die innere virtuelle Arbeit ergibt sich zu

$$\delta \underline{\epsilon}^T \underline{\sigma} = \delta \underline{a}^T (\underline{\underline{D}}\, \underline{\underline{N}})^T \underline{\sigma} \; . \tag{70}$$

Durch Gleichsetzen von (69) und (70) und Integration über das Elementvolumen V_e entsteht

$$\delta \underline{a}^T \underline{f} = \delta \underline{a}^T \int_{V_e} (\underline{\underline{D}}\, \underline{\underline{N}})^T \underline{\sigma} \, dV \; . \tag{71}$$

Das Kräftegleichgewicht am Element heißt somit:

$$\underline{f} = \int_{V_e} (\underline{\underline{D}}\, \underline{\underline{N}})^T \underline{\sigma} \, dV \; . \tag{72}$$

(72) kann mit (65) auch ausgedrückt werden als

$$\underline{f} = \underline{\underline{k}}\, \underline{a} + \underline{q}_{\epsilon_0} (+ \underline{q}_p) \tag{73}$$

mit

$$\underline{\underline{k}} = \int_{V_e} (\underline{\underline{D}}\, \underline{\underline{N}})^T \underline{\underline{E}} (\underline{\underline{D}}\, \underline{\underline{N}}) \, dV$$ Elementsteifigkeitsmatrix,

$$\underline{q}_{\epsilon_0} = - \int_{V_e} (\underline{\underline{D}}\, \underline{\underline{N}})^T \underline{\underline{E}}\, \underline{\epsilon}_0 \, dV$$ durch Anfangsdehnungen hervorgerufene Knotenpunktskräfte;

$$\underline{q}_p = - \int_A \underline{\underline{N}}^T \underline{p} \, dA$$ Belastungsglied, das hinzuaddiert werden muß, falls eine Oberflächenlast $\underline{p}$ wirkt.

Gesamtstrukturebene

Wie im Fall der Wärmeübertragung ist es möglich, über Zuordnungsmatrizen $\underline{\underline{b}}$ den Zusammenhang der Freiheitsgrade auf Element- und Strukturebene zu definieren. Für die Elementknotenpunktsverschiebungen $\underline{a}$ und die Knotenpunktsverschiebungen der Gesamtstruktur $\underline{r}$ gilt

$$\underline{a} = \underline{\underline{b}}\,\underline{r} \quad . \tag{74}$$

Desgleichen gilt für die Kräfte $\underline{F}$ bezogen auf die Struktur und $\underline{f}$, bezogen auf das einzelne Element:

$$\underline{F} = \sum_{e=1}^{m} \underline{\underline{b}}^T \underline{f} \quad . \tag{75}$$

m ist hierbei die Anzahl der Elemente.

Aus (72) wird mit (74) und (75)

$$\underline{F} = \sum_{e=1}^{m} \underline{\underline{b}}^T \underline{\underline{k}}\,\underline{\underline{b}}\,\underline{r} + \sum_{e=1}^{m} \underline{\underline{b}}^T \underline{q}_{\varepsilon_0} + \sum_{e=1}^{m} \underline{\underline{b}}^T \underline{q}_p \quad . \tag{76}$$

Mit der Gesamtsteifigkeitsmatrix

$$\underline{\underline{K}} = \sum_{e=1}^{m} \underline{\underline{b}}^T \underline{\underline{k}}\,\underline{\underline{b}} \tag{77}$$

wird aus (76)

$$\underline{F} = \underline{\underline{K}}\,\underline{r} + \sum_{e=1}^{m} \underline{\underline{b}}^T \underline{q}_{\varepsilon_0} + \sum_{e=1}^{m} \underline{\underline{b}}^T \underline{q}_p \quad . \tag{78}$$

Bei bekannten Belastungen und Randbedingungen können aus (78) die zugehörigen Knotenpunktsverschiebungen ermittelt werden. Zur Spannungsberechnung sind (74), (75) und (64) nötig.

5.2 Das FEM-Programmsystem PERMAS

Das Programmsystem PERMAS /66/-/70/ ist ein Nachfolgeprodukt des an der Universität Stuttgart entwickelten Programms ASKA. Es dient sowohl der Analyse von strukturmechanischen Problemen als auch von Wärmeübertragungsvorgängen. Beide Programmteile sind von der Datenbasis her voll kompatibel. Sie greifen auf die gleiche topologische Beschreibung zu und unterscheiden sich an der Benutzeroberfläche lediglich durch unterschiedliche Angaben der Stoffeigenschaften und der Randbedingungen.
Bei Betrachtung gekoppelter thermischer und mechanischer Probleme, wie im vorliegenden Fall des VVSP, werden in einem ersten Berechnungsgang die Wärmeübertragungsvorgänge betrachtet. Dieser Teil ist in sich abgeschlossen und liefert als Ergebnis die Temperaturverteilung über der Struktur.
Als Kopplung zum struktur-mechanischen Teil der Berechnungen dienen die Knotentemperaturen der Topologie. Sie werden im zweiten Berechnungsgang dazu benutzt, Elementdehnungen zu bestimmen, die als Elementanfangsdehnungen auf der Belastungsseite berücksichtigt werden. Zusätzlich werden dann noch rein mechanische Belastungen, wie Druckverteilungen, Knotenkräfte, vorgeschriebene Verschiebungen, angesetzt.
PERMAS erlaubt dem Benutzer die Steuerung des Rechenvorgangs, d.h. Wahl der Ausgabe, Berücksichtigung einzelner Lasten, Fehlerbehandlung u.a.m., über ein APC (Autonomous Procedure Control). Dieses Steuerprogramm hat den Aufbau eines FORTRAN - Unterprogramms und besteht aus einer sinnvollen Kombination weiterer Programmaufrufe, die den Ablauf steuern. Einzelheiten zu Aufbau und Anwendung von PERMAS sind in umfangreicher Literatur dokumentiert (siehe hierzu /66/-/70/).

Je nach Größe der Struktur bringt die Auswertung der Ergebnisse einen beträchtlichen Aufwand mit sich. Dafür stand als graphischer Post-Prozessor das Programm INGA /71/ zur Verfügung. Weiterhin wurden spezielle eigene Entwicklungen benutzt. Ein modernes Pre- und Post-Prozessor- System zur automatischen Topologie-Generierung und späteren Auswertung stand zum Zeitpunkt der Bearbeitung nicht zur Verfügung.

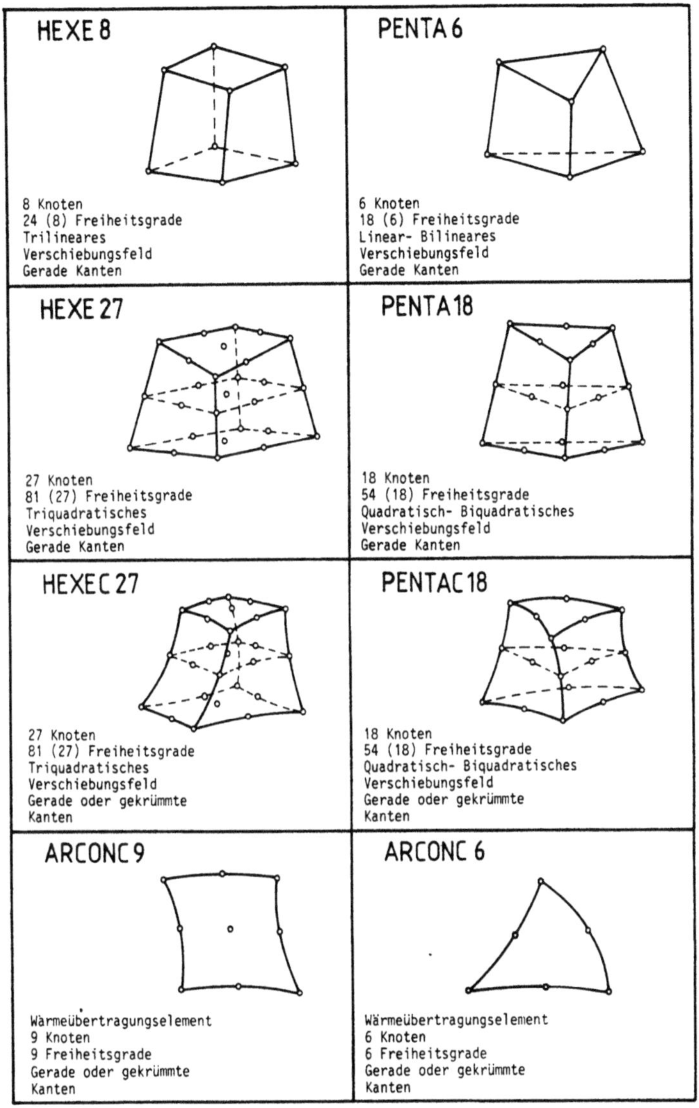

Bild 19: Elemente aus der PERMAS-Elementbibliothek nach /69/. Werte in Klammern bezeichnen Freiheitsgrade bei Berechnung thermischer Probleme.

Wesentliche Faktoren für die Güte der FE - Ergebnisse sind

- Feinheit der Elementierung,
- Wahl der Elementtypen,
- Wahl der Randbedingungen.

Die Feinheit der Elementierung und die Wahl der Elementtypen wirken sich direkt auf den Aufwand zur Generierung des Netzes und den Rechenzeitbedarf aus. Feinere Elementierung bedeutet höheren Aufwand bei der Generierung und höhere Rechenzeiten, gleichzeitig aber auch größere Genauigkeit der Ergebnisse. Elementtypen mit quadratischen Ansatzfunktionen zur Beschreibung der Verschiebungen im Element bieten hier den Vorteil einer größeren Genauigkeit trotz gröberer Idealisierung gegenüber Elementen mit linearen Ansatzfunktionen. Das Programmsystem PERMAS bietet über 100 verschiedene Elementtypen zur topologischen Beschreibung unterschiedlichster Probleme. Bild 19 zeigt eine Auswahl dreidimensionaler Vollkörperelemente aus der PERMAS-Elementbibliothek.

5.2.1 Rechenmodelle

Bild 20 oben zeigt den Werkzeugsatz der betrachteten Versuchsstrangpresse. In Bild 20 unten sind zwei dabei realisierte Abschlußarten zu sehen.

Der Grundaufbau des Aufnehmers der Versuchspresse sieht einen Kegelabschluß vor (Kegelwinkel 20°). Aus den oben bereits erwähnten Gründen wurde jedoch auch ein Versuchswerkzeug mit Flachabschluß in die Betrachtungen miteinbezogen. Der Werkzeugaufbau für beide Abschlußarten unterscheidet sich in der Gestaltung von Matrize, Stützwerkzeug und Matrizenhalter.

Bei der Idealisierung der Werkzeugsätze läßt sich der Daten- und Rechenzeitaufwand durch geeignete Wahl der Systemgrenzen, z.B. durch Ausnutzung von Symmetriebedingungen, entscheidend verringern. Zur Berechnung der Werkzeugverformungen beim

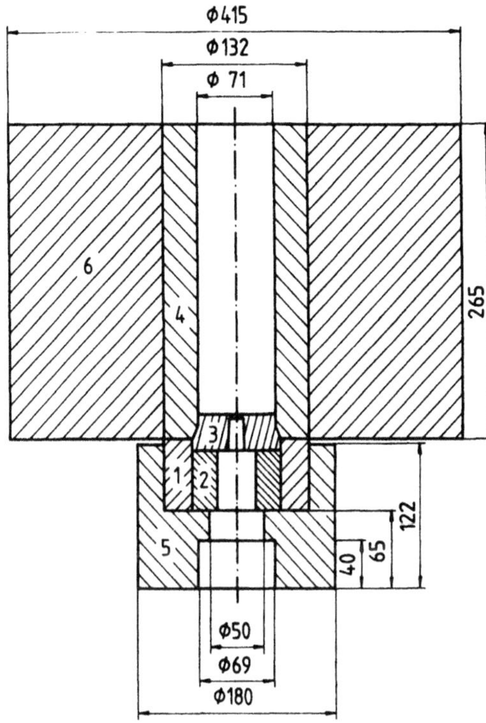

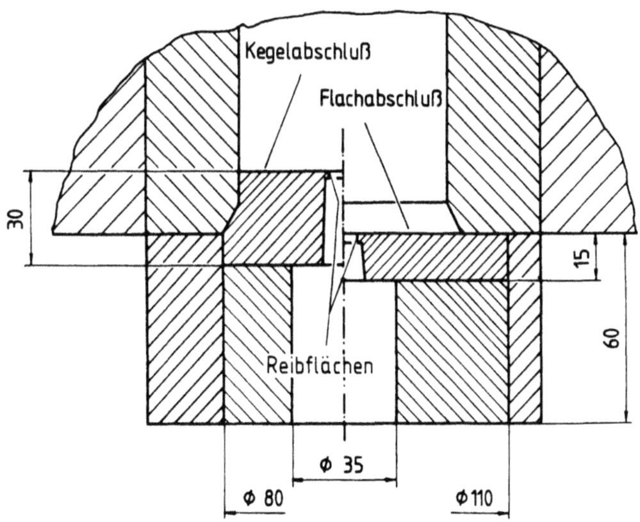

Bild 20: Werkzeugsätze der Strangpresse.

Strangpressen von Rundprofilen genügt eine axialsymmetrische Idealisierung, beim Profilstrangpressen muß eine dreidimensionale topologische Beschreibung erstellt werden. Bei dreidimensionaler Idealisierung bieten HEXEC27- und PENTAC18-Elementtypen aufgrund ihres Elementansatzes und ihrer hohen Knotenpunktszahlen eine größere Genauigkeit gegenüber anderen Elementen. Dies erlaubt eine gröbere Idealisierung der Struktur. Da kein Pre-Prozessor zur automatischen Topologiegenerierung zur Verfügung stand, wurden bei dreidimensionaler Idealisierung ausschließlich HEXEC27- und PENTAC18-Elemente verwendet. Für den Wärmeübergang wurden zusätzlich ARCONC9-Elemente an der Oberfläche generiert.

Bild 21 zeigt die axialsymmetrische Idealisierung des oben gezeigten Strangpreßwerkzeugsatzes für zwei unterschiedliche Matrizendurchbrüche. Aus Symmetriegründen wurde nur eine Hälfte der Struktur idealisiert.

In Bereichen, in denen große Gradienten zu erwarten sind, muß feiner idealisiert werden. Das ist im vorliegenden Fall vor allem der Matrizendurchbruch.

Für den im vorigen Kapitel beschriebenen Ansatz der Wärmerandbedingungen muß das Werkstück in die Idealisierung des Werkzeugsatzes miteinbezogen werden. Bild 22 zeigt eine solche Idealisierung für einen quadratischen Matrizendurchbruch. Aus Symmetriegründen wurde 1/8 des Werkzeugsatzes idealisiert. Auf die Integration des Aufnehmermantels in die Idealisierung wurde verzichtet, da dadurch die Problemgröße erheblich angewachsen wäre. Aus Gründen der Übersichtlichkeit wurde das Netz vergröbert dargestellt.

Für unterschiedliche Querschnittsformen der Matrizendurchbrüche mußten auch unterschiedliche Rechenmodelle erstellt werden. In Bild 23 sind alle Modelle aufgeführt.

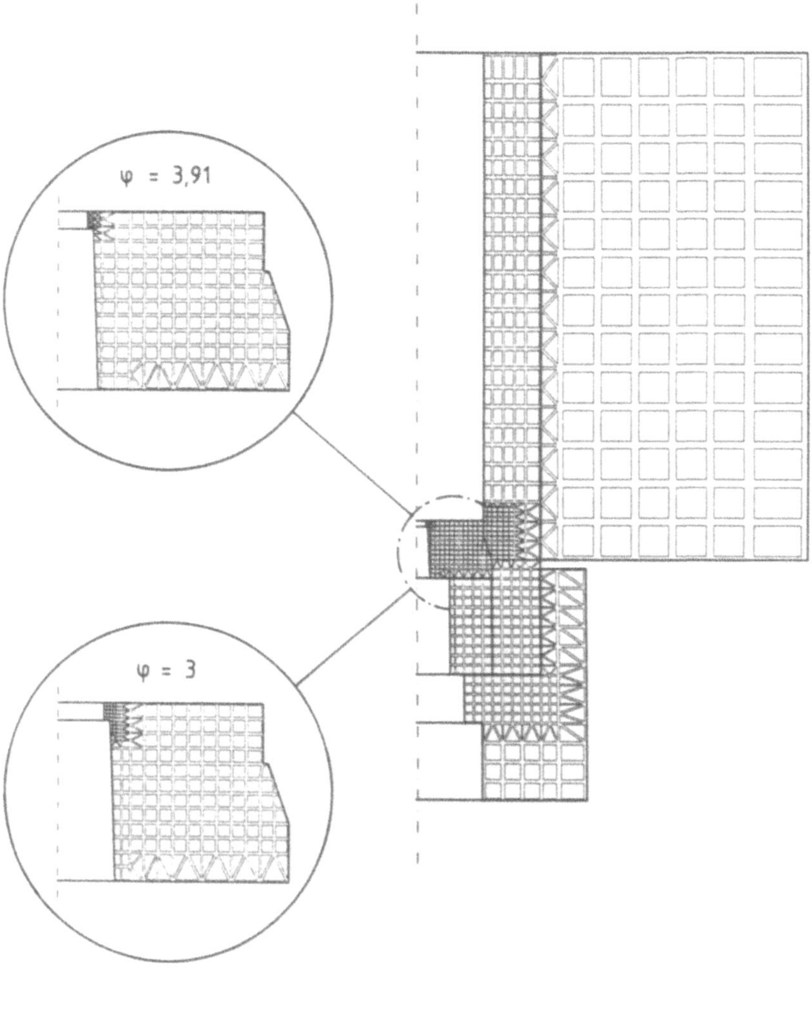

Bild 21: Axialsymmetrische Idealisierung eines Strangpreß-Werkzeugsatzes.

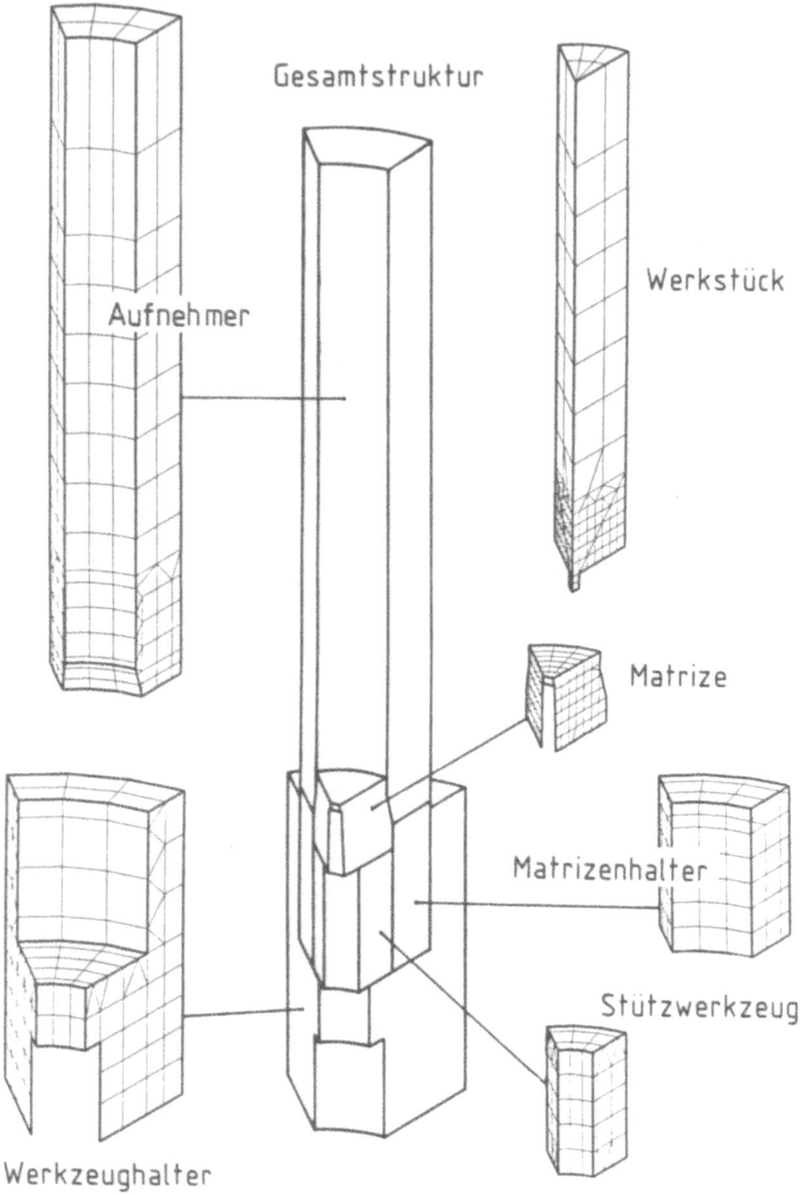

Bild 22: Dreidimensionale Idealisierung eines Strangpreß-Werkzeugsatzes.

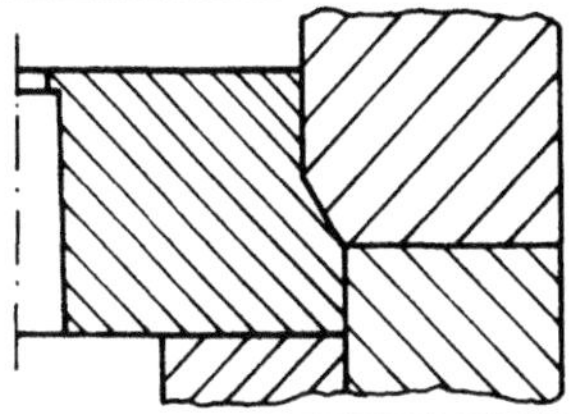

Kegelabschluß

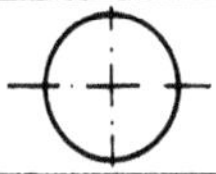

Durchbruchsform Kreis
Axialsymmetrische Idealisierung $\varphi = 3{,}91$

Temperaturrechnung		Elastostatische Rechnung						
	Gesamtnetz	Substruktur 1	2	3	4	5	6	Hauptnetz
Zahl der Elemente	1005	72	114	214	246	162	197	---
Zahl der Punkte	2903	253	327	743	864	434	497	217
Zahl der Unbekannten	2831	420	514	1243	1524	768	887	434

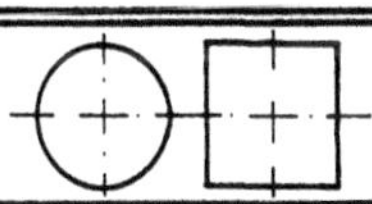

Durchbruchsform Kreis, Quadrat
Dreidimensionale Idealisierung $\varphi = 3{,}91$

Temperaturrechnung		Elastostatische Rechnung					
	Gesamtnetz	Substruktur 1	2	3	4	5	Hauptnetz
Zahl der Elemente	813	60	63	132	153	114	---
Zahl der Punkte	8019	581	679	1379	1491	1078	758
Zahl der Unbekannten	6178	1325	1473	2967	3164	2426	2075

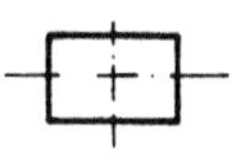

Durchbruchsform Rechteck
Dreidimensionale Idealisierung $\varphi = 3{,}91$

Temperaturrechnung		Elastostatische Rechnung					
	Gesamtnetz	Substruktur 1	2	3	4	5	Hauptnetz
Zahl der Elemente	1028	80	84	176	204	152	---
Zahl der Punkte	7794	747	873	1773	1917	1386	648
Zahl der Unbekannten	7623	1688	1601	4264	4855	3575	1800

Bild 23a: Rechenmodelle für unterschiedliche Durchbruchsformen und Kegelabschluß.

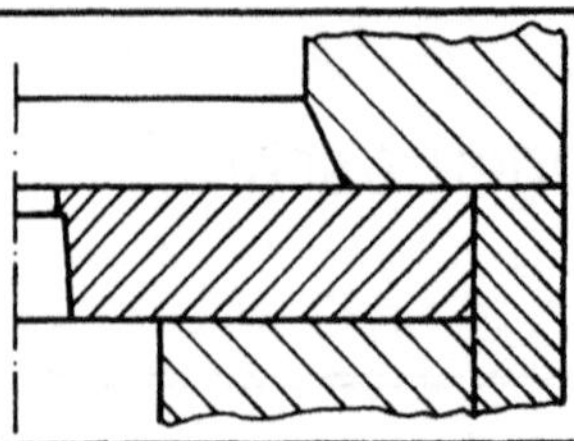

Flachabschluß

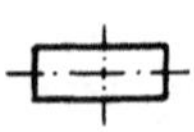

Durchbruchsform Rechteck
Dreidimensionale Idealisierung $\varphi = 3{,}91$

Temperaturrechnung		Elastostatische Rechnung					
	Gesamtnetz	Substruktur 1	Substruktur 2	Substruktur 3	Substruktur 4	Substruktur 5	Hauptnetz
Zahl der Elemente	2055	104	60	263	260	172	---
Zahl der Punkte	16155	972	630	2391	2610	1866	567
Zahl der Unbekannten	15966	2413	1166	6286	6989	4560	1575

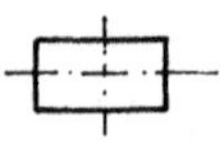

Durchbruchsform Rechteck
Dreidimensionale Idealisierung $\varphi = 3$

Temperaturrechnung		Elastostatische Rechnung					
	Gesamtnetz	Substruktur 1	Substruktur 2	Substruktur 3	Substruktur 4	Substruktur 5	Hauptnetz
Zahl der Elemente	2024	104	60	228	260	172	---
Zahl der Punkte	15865	972	630	2067	2610	1899	573
Zahl der Unbekannten	15676	2387	1166	5343	6989	4551	1593

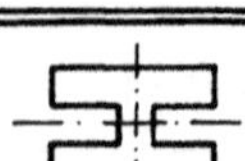

Durchbruchsform H - Profil
Dreidimensionale Idealisierung $\varphi = 3$

Temperaturrechnung		Elastostatische Rechnung					
	Gesamtnetz	Substruktur 1	Substruktur 2	Substruktur 3	Substruktur 4	Substruktur 5	Hauptnetz
Zahl der Elemente	2037	104	60	243	260	172	---
Zahl der Punkte	15981	972	630	2265	2610	1866	567
Zahl der Unbekannten	15792	2413	1166	5883	6989	4560	1575

Bild 23b: Rechenmodelle für unterschiedliche Durchbruchsformen und Flachabschluß.

Als Profilformen wurden Kreis, Quadrat, Rechteck- und H-Profile ausgewählt. Für diese Profile muß maximal 1/4 des Werkzeugsatzes idealisiert werden, was den Aufwand beträchtlich senkt. Umformgrade, die dabei realisiert wurden, sind $\varphi = 3$ ($A_0/A_1 = 20$) und $\varphi = 3{,}91$ ($A_0/A_1 = 50$).

Zur Berechnung des Temperaturverhaltens wurde die jeweilige topologische Beschreibung mit Hilfe eines zusammenhängenden Netzes durchgeführt. Dieses Netz wurde beim Übergang zu elastostatischen Berechnungen in Substrukturen unterteilt. Bei Anwendung der Unterstrukturtechnik wird jedes Werkzeugteil durch eine eigene Substruktur beschrieben. Die einzelnen Unterstrukturen werden an das zwischen den Werkzeugteilen verlaufende Hauptnetz punktweise angeschlossen. Dabei kann pro Raumrichtung zwischen starrem und losem Verbund gewählt werden. Auf diese Art läßt sich ein freies Gleiten von benachbarten Werkzeugteilen simulieren.

Die Berechnungen wurden auf einem Großrechner IBM-3081 und einem Vektorrechner CRAY-II durchgeführt. Die benötigte Rechenzeit pro Lauf betrug auf dem Vektorrechner CRAY-II bis zu 800 s. Sie hängt ab von der Zahl der Freiheitsgrade und davon, ob die numerisch aufwendigere Substrukturtechnik angewendet wird.

5.2.2 Annahme der Randbedingungen

Neben anderen Faktoren (z.B. Elementierung, Elementtypen) haben die Randbedingungen entscheidenden Einfluß auf die Güte der FE-Berechnungen. Wichtig ist, daß bei den gewählten Systemgrenzen überhaupt realistische Randbedingungen gefunden werden können.

Der oben beschriebene Werkzeugsatz wird zum einen vorgangsseitig, zum anderen maschinenseitig belastet. Möglichkeiten, thermische und mechanische Belastungen aufgrund des Umformvorgangs zu beschreiben, wurden im vorigen Kapitel erläutert. Im folgenden sollen zusätzlich maschinenseitige Randbedingungen betrachtet werden. Zur Ermittlung dieser Randbedingungen ist ein maschinenspezifisches Vorgehen nötig. Zum Teil muß an dieser Stelle auf experimentell ermittelte Daten zurückgegriffen werden.

Bild 24 zeigt Randbedingungen, wie sie prinzipiell bei den Berechnungen angesetzt wurden. Auf beiden Bildteilen ist je eine Hälfte des idealisierten Werkzeugsatzes dargestellt, links mit mechanischen, rechts mit thermischen Randbedingungen. Der Aufnehmermantel wurde weggelassen.

Thermische Randbedingungen

Auf Vorgänge im Werkstück und die daraus resultierende Wärmeproduktion wurde bereits im vorigen Kapitel eingegangen. Der im Werkstück anfallende Wärmefluß wurde räumlich verteilt in Form von Wärmequellen angenommen. Im einzelnen sind dies:

$\dot{Q}_U$ - Wärmefluß aufgrund der verschiedenen Anteile der Umformarbeit in der Umformzone.

$\dot{Q}_{RA}$ - Reibarbeit an der Aufnehmerwand.

$\dot{Q}_{RM}$ - Reibarbeit im Preßkanal der Matrize.

Maschinenseitig wird der Werkzeugsatz durch die im Aufnehmermantel eingebaute Induktionsheizung belastet. Bei Aluminiumlegierungen wird die Aufnehmerheizung üblicherweise auf ca. 450°C eingestellt. Sie ist thermostatgesteuert und wird innerhalb zweier wählbarer Temperaturpunkte geregelt. Deshalb wurde ein daraus resultierender Temperaturverlauf an der Oberfläche der Aufnehmerinnenbüchse als zeitlich konstant angenommen und fest vorgeschrieben. Dalheimer ermittelte den Temperaturverlauf an der Innenfläche des Aufnehmers der Versuchspresse in Abhängigkeit von der eingestellten Temperatur /11/. Auf diese experimentell ermittelten Temperaturprofile wurde zurückgegriffen.

Das Wärmeableitungsvermögen des matrizenseitigen Werkzeugsatzes ist schwer zu quantifizieren. Es hängt sowohl vom Auf-

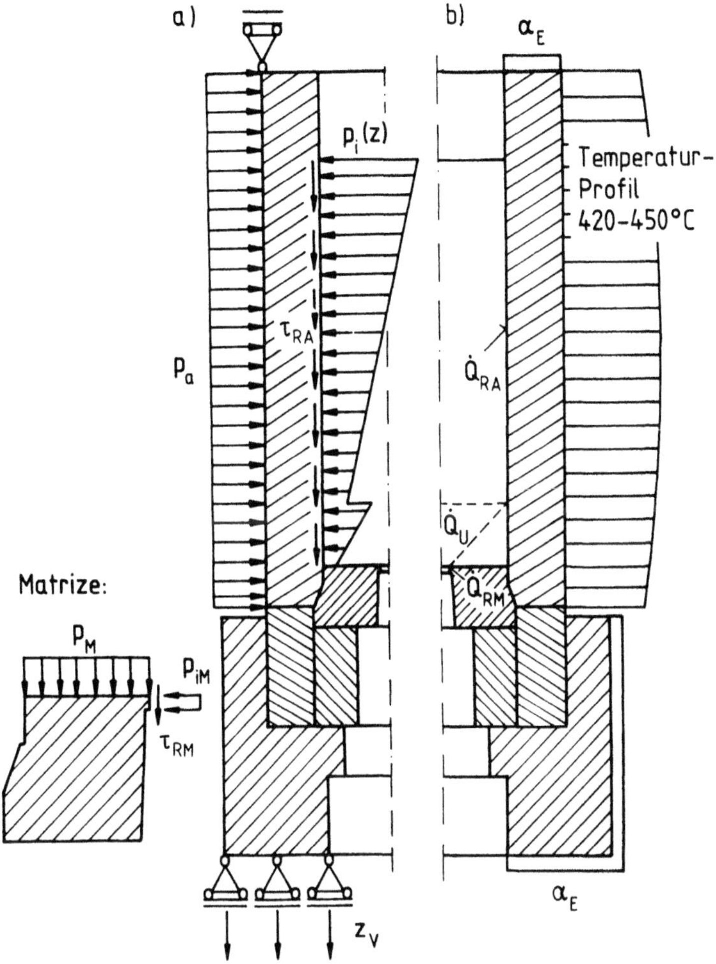

Bild 24: Randbedingungen, a - mechanisch,
b - thermisch.

bau und von der Lage des Werkzeugsatzes im Pressenrahmen als auch vom Temperaturniveau des Rahmens selbst ab. Dieser komplexe Zusammenhang läßt sich bei den gewählten Modellgrenzen nicht fassen. Die Außenflächen der Struktur wurden deshalb mit einem "Ersatz"-Wärmeübergangskoeffizienten belegt, der alle

Wärmeübertragungseffekte beinhalten soll. Zur Ermittlung dieses Koeffizienten wurde die Strangpresse mit eingeschalteter Heizung ins thermische Gleichgewicht gebracht. Die Temperaturen an den Außenflächen des Werkzeugsatzes wurden gemessen. Bei der Simulation dieser Belastung wurde die Annahme für den Ersatz - Wärmeübergangskoeffizient so lange variiert, bis die berechnete Temperatur an den Außenflächen der Struktur mit den experimentellen Ergebnissen übereinstimmte.

Alle nicht bezeichneten Flächen in Bild 24 wurden als isoliert angenommen. Insbesondere wurde auf die Annahme eines Wärmeübergangs an der Berührfläche von Preßscheibe und Werkstück verzichtet. Die Preßscheibe wird i.a. vor dem Einsatz auf Werkstücktemperatur aufgeheizt. Deshalb ist hier mit vernachlässigbarem Wärmeübergang zu rechnen.

Mechanische Randbedingungen

Die mechanischen Randbedingungen lassen sich, analog zu den thermischen in vorgangsbedingte und maschinenbedingte unterteilen (siehe Bild 24). Zu den vorgangsbedingten Randbedingungen zählen (vergl. Kap.4):

p_i, F_{RA} - Innendruck und Reibkraft am Aufnehmer,
p_M - axialer Matrizendruck,
p_{iM}, F_{RM} - Innendruck und Reibkraft im Preßkanal.

Maschinenseitig wirkt auf die Aufnehmerinnenbüchse ein radialer Druck von außen. Er rührt vom Aufschrumpfen des nicht mitidealisierten Aufnehmermantels her. Das Haftmaß beträgt für diesen Preßverband ξ = 0,2 bis 0,3%, wodurch im kalten Zustand Radialspannungen von 250-400 N/mm² am Umfang der Aufnehmerinnenbüchse hervorgerufen werden /72/.

In axialer Richtung wurde die Struktur am Ende des Aufnehmers gelagert. Die Grundseite des Werkzeughalters liegt gänzlich am Klemmkeil, der den matrizenseitigen Werkzeugsatz mit dem Aufnehmer verspannt, an. Dies kommt einer weiteren axialen Lagerung gleich. Da sich das Maschinenbett jedoch temperaturabhängig axial ausdehnen kann, wurde die Werkzeughalter-Grundseite mit vorgeschriebenen Verschiebungen z_v belegt, die je nach Maschinengestell-Temperatur variiert werden. An den Berührflächen der einzelnen Werkzeugteile wurde, je nach Kontaktbedingung, starrer oder loser Verbund angenommen. Damit kann ein reibungsfreies Gleiten der entsprechenden Flächen simuliert werden.

6 Berechnungsergebnisse

Im folgenden werden Berechnungsergebnisse vorgestellt, die für die am Institut für Umformtechnik der Universität Stuttgart zur Verfügung stehende Versuchs-Strangpresse ermittelt wurden. Auf Besonderheiten dieser Versuchspresse kleiner Bauart, besonders auf prinzipielle Unterschiede zu in der Produktion eingesetzten Strangpressen, wurde in Kap.4 eingegangen. Der Werkzeugsatz der Presse mit zwei unterschiedlichen Abschluß-arten und die für diesen Werkzeugsatz erstellten Rechenmodelle wurden in Kap.5 beschrieben. Auf das FE-Programmsystem PERMAS, mit dem die Berechnungen durchgeführt wurden, wurde ebenfalls in Kap.5 eingegangen. In Tabelle 2 sind die Abmessungen aller betrachteten Durchbruchsformen aufgeführt.

	Kegelabschluß	Flachabschluß	Scherflächenverhältnis $\frac{A_S}{A_\phi}$
$\varphi = 3{,}91$, $\frac{A_0}{A_1} = 50$	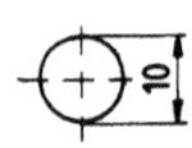		1
	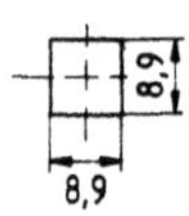		1,006
	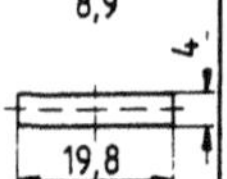	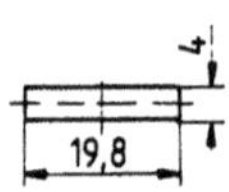	1,05
$\varphi = 3$, $\frac{A_0}{A_1} = 20$		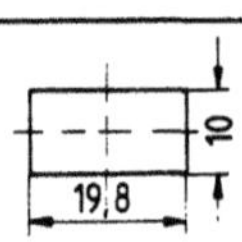	1,023
			1,042

Tabelle 2: Durchbruchsformen bei der Werkzeugberechnung

Die Länge der zylindrischen Reibflächen im Matrizendurchbruch beträgt bei allen betrachteten Matrizen einheitlich l_p = 3mm (vergl. Bild 19).

6.1 Werkstoffkenngrößen

6.1.1 Werkzeuge

Matrizen und Stützwerkzeuge sind aus Warmarbeitsstahl 55NiCrMoV6 gefertigt, Blockaufnehmer, Preß- und Putzscheiben sowie der Werkzeughalter aus Warmarbeitsstahl 45CrMoV67. In Tabelle 3 sind die Eigenschaften des Warmarbeitsstahles 55NiCrMoV6 zusammengefaßt. Andere Warmarbeitsstähle weisen keine wesentlichen Abweichungen von diesen Werten auf /11/.

Werkstoff	55NiCrMoV6
Wärmeleitfähigkeit	$\lambda = 33{,}8 + 0{,}023\,(T - 273)\ \frac{W}{m \cdot K}$
Dichte	$\varrho = 7830\ \frac{kg}{m^3}$
Spezifische Wärme	$c = 440 + 0{,}42\,(T - 273)\ \frac{J}{kg \cdot K}$
Linearer Wärmeausdehnungs-koeffizient	$\alpha_T = 11 \cdot 10^{-6} + 6{,}03 \cdot 10^{-9}\,(T - 293)\ \frac{1}{K}$
Elastizitätsmodul	$E = 210000 - 92{,}3\,(T - 293)\ \frac{N}{mm^2}$
Poisson - Zahl	$\nu = 0{,}3$

Tabelle 3: Eigenschaften des Werkzeugwerkstoffs.

6.1.2 Werkstück

Als Werkstückwerkstoff wurde AlMgSi0,5 angenommen, eine der gebräuchlichsten Aluminiumlegierungen beim Strangpressen. Die Werkstücklänge wurde auf 200 mm festgelegt, der Werkstückdurchmesser auf 69mm. Tabelle 4 zeigt die Eigenschaften dieser Legierung nach /35/.

Dieser Werkstoff wurde auch bei der experimentellen Überprüfung der Berechnungsergebnisse verwendet.

Werkstoff	AlMgSi0,5
Wärmeleitfähigkeit	$\lambda = 200 \frac{W}{mK}$
Dichte	$\varrho = 2700 \frac{kg}{m^3}$
Spezifische Wärme	$c = 862 + 0{,}53\,(T - 273)\,\frac{J}{kg\,K}$
Linearer Wärmeausdehnungs-koeffizient	$\alpha_T = 23{,}4 \cdot 10^{-6} + 9 \cdot 10^{-9}\,(T - 293)\,\frac{1}{K}$
Fließspannung	$k_f = k_f\,(T, \varphi, \dot{\varphi})$

Tabelle 4: Eigenschaften des Werkstückwerkstoffs.

6.2 Einfluß der Vorgangsgrößen auf das Temperaturverhalten

Das Temperaturverhalten einer Strangpresse hängt von der Pressengröße, vom Werkzeugaufbau und den Vorgangsgrößen ab. Aus diesem Grund kann von Berechnungsergebnissen für eine spezielle Strangpresse nur bedingt auf andere Pressen geschlossen werden. Die prinzipielle Vorgehensweise bleibt jedoch bei allen Pressen gleich, variiert werden müssen die Topologie und die anzusetzenden Randbedingungen.

Auf spezielle Eigenschaften der hier betrachteten Strangpresse, insbesondere auf das zu erwartende instationäre Temperaturverhalten, wurde in Kap.4 eingegangen. Dieses Verhalten mußte bei der Ermittlung der Ergebnisse entsprechend berücksichtigt werden. Im Hinblick auf eine allgemeine Anwendbarkeit wurde bei der Ermittlung des Temperaturverhaltens der Strangpresse zweigleisig vorgegangen:

- Unter Annahme instationären Temperaturverhaltens wurden für festgelegte Vorgangsgrößen Temperaturfelder im Werkzeugsatz zu unterschiedlichen Zeitpunkten des einzelnen Preßvorgangs bestimmt. Die Ergebnisse dieser Berechnungen wurden experimentell überprüft (vergl. Kap. 7).

- Unter Annahme stationären Temperaturverhaltens, wie es bei Produktionsstrangpressen zu erwarten ist, wurde der prinzipielle Einfluß verschiedener Vorgangsgrößen auf den Temperaturverlauf im Werkzeugsatz bestimmt. Diese Vorgehensweise ist auch bei Pressen größerer Bauart anzuwenden.

6.2.1 Temperaturfelder während des Preßvorgangs

6.2.1.1 Annahme stationären Temperaturverhaltens

Beim Strangpressen von Aluminiumlegierungen werden Aufnehmer und Werkstück vor der Pressung auf ca. 450° C erwärmt. Bei der Herstellung der Preßbereitschaft, d.h. Zusammenfahren von matrizenseitigem Werkzeugsatz mit dem Aufnehmer und Aufheizen des Werkzeugsatzes, stellt sich deshalb bereits ein Temperaturfeld im Werkzeugsatz auf hohem Niveau ein. In Bild 25a ist dies dargestellt. Als einzige thermische Belastung wirkt hier die Aufnehmerheizung in Form eines vorgeschriebenen Temperaturprofils an der Außenseite der Aufnehmerinnenbüchse. Die Folge davon ist ein hohes Temperaturniveau im Bereich des Aufnehmers, das in Richtung des Werkzeughalters und der Aufnehmerrückfläche niedriger wird. In der Matrize bildet sich ein stationäres Temperaturfeld mit einem geringen Gradienten in axialer Richtung aus. Das Temperaturmaximum der Matrize liegt erwartungsgemäß an der Berührfläche zum Aufnehmer. Der stärkste Wärmeabfluß erfolgt über den Werkzeughalter, dessen Außenflächen stark erhöhten Wärmeübergang ermöglichen (vergl. Kap.5). Das berechnete Temperaturminimum an der Werkzeughaltergrundfläche stimmt sehr gut mit Meßwerten überein (Abweichung max. 5° C).

Während des Preßvorgangs wird die Struktur durch Wärmequellen im Bereich der Umformzone, an der Aufnehmerinnenwand und im Preßkanal der Matrize zusätzlich belastet (vergl. Kap.4 und Kap.5).

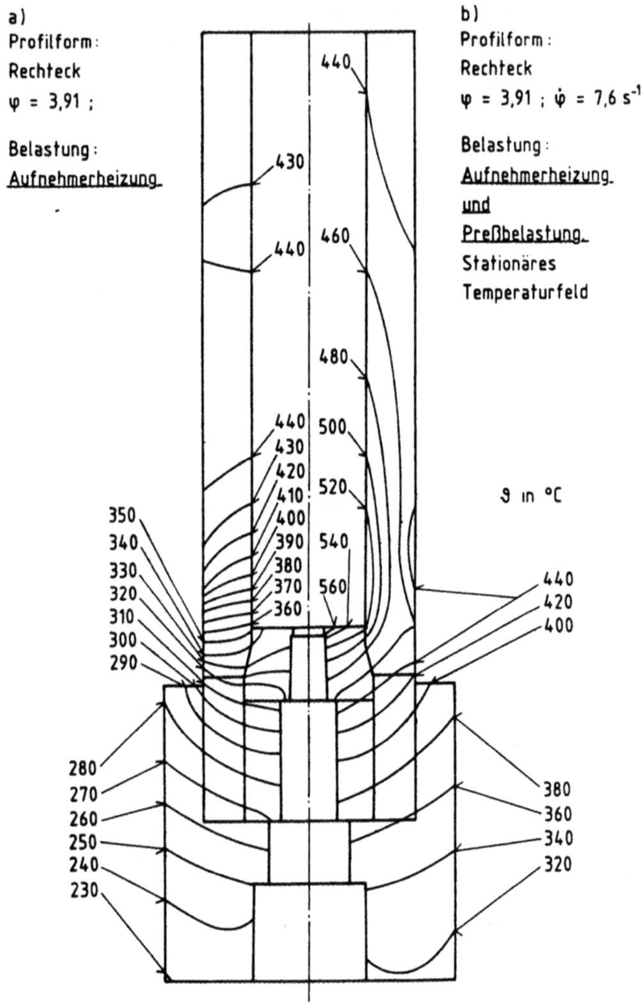

Bild 25: Temperaturfeld des Strangpreß-Werkzeugsatzes.
a - Belastung durch Aufnehmerheizung,
b - Belastung durch Aufnehmerheizung und Preßvorgang.

Daraus resultiert eine starke Temperaturerhöhung der gesamten Struktur und ein prinzipiell anderer Temperaturverlauf in der Struktur (vergl. Bild 25b). Infolge der Wärmequellen im Werkstück verlagert sich das Temperaturmaximum in den Matrizendurchbruch. Aber auch der Aufnehmer weist erhebliche Temperaturerhöhungen auf, vor allem im vorderen Teil, wo sich Umformwärme und Reibwärme am stärksten auswirken. Aufgrund des Wärmeabflusses in Richtung des Werkzeughalters besteht in der Matrize ein im Vergleich zur Preßbereitschaft großer Temperaturgradient, der sich im Bereich von Stützwerkzeug und Matrizenhalter abschwächt. Das insgesamt sehr hohe Temperaturniveau beruht auf dem angenommenen stationären Temperaturverhalten und der Wahl der Umformgeschwindigkeit.

6.2.1.2 Temperaturfelder bei unterschiedlichen Profilformen

Während des Preßvorgangs bildet sich für jede Profilform eine charakteristische Umformzone aus (vergl. Kap.4). Abhängig von der Umformzone und der von Profil zu Profil unterschiedlichen Reibfläche im Preßkanal stellen sich Temperaturverteilungen ein, die sich vor allem im Bereich des Matrizendurchbruchs in Verlauf und Höhe beträchtlich voneinander unterscheiden. Bild 26 zeigt das Temperaturverhalten auf der Matrizenstirnfläche für einen kreisförmigen und einen quadratischen Matrizendurchbruch. Die Umformzonen im Werkstück weisen bei diesen beiden Profilformen nur geringe Unterschiede auf. Deshalb ist in beiden Fällen auch ein ähnliches Temperaturverhalten zu erwarten.

Für beide Durchbruchsformen bilden sich kreisförmige Isothermen auf der Matrizenstirnfläche aus. Eine Ausnahme ist ein enger Bereich am Matrizendurchbruch bei der quadratischen Profilform, in dem die Isothermen leicht verzerrt werden. Beim diesem Matrizendurchbruch ist das Temperaturniveau insgesamt um wenige Grade gegenüber dem kreisförmigen Matrizendurchbruch erhöht. Dies ist vor allem darauf zurückzuführen, daß bei gleicher Profilquerschnittsfläche der quadratische Matrizendurchbruch eine größere Reibfläche aufweist. Die höchste Temperatur liegt beim quadratischen Matrizendurchbruch auf der Seitenmitte des Durchbruchs.Dieses Verhalten fand Gieselberg bereits experimentell /35/.

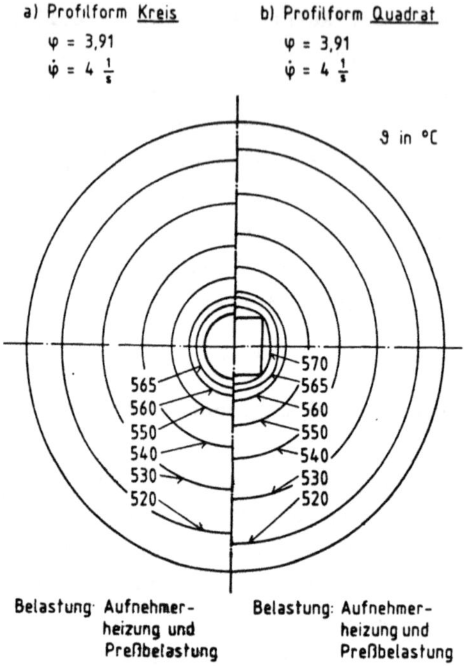

Bild 26: Temperaturfeld auf der Matrizenstirnfläche bei Preßbelastung. a - Profilform Kreis, b - Profilform Quadrat.

Ursache dafür ist, daß in der Durchbruchsecke ein verstärkter Wärmeabfluß in zwei Richtungen der Matrizenebene möglich ist, während er in der Seitenmitte nur in eine Richtung erfolgen kann. Darüberhinaus liegt die Durchbruchsecke radial weiter außen.

Dieses Verhalten wird bei Betrachtung von rechteckigen Durchbruchsformen prinzipiell bestätigt. In Bild 27 sind Isothermen auf der Matrizenstirnfläche für einen quadratischen und einen rechteckigen Matrizendurchbruch dargestellt.

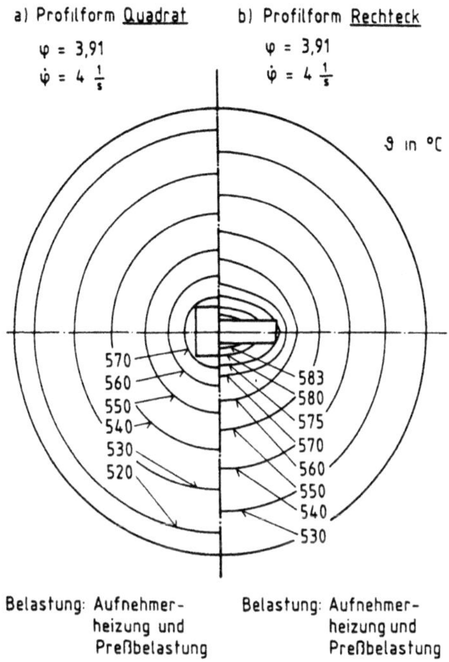

Bild 27: Temperaturfeld auf der Matrizenstirnfläche bei Preßbelastung. a - Profilform Quadrat, b - Profilform Rechteck.

Sehr deutlich ist hier das unterschiedliche Temperaturverhalten auf der längeren und der kürzeren Seite des rechteckigen Matrizendurchbruchs zu sehen. Das Temperaturmaximum der Struktur liegt auf der Seitenmitte der längeren Seite. Hier besteht ein starker Temperaturgradient in radialer Richtung. Auf der kürzeren Seite des Rechtecks ist die Temperatur nicht so hoch. Der Temperaturabfall in radialer Richtung ist hier nicht so stark ausgeprägt. Damit nehmen die Isothermen im Bereich des Matrizendurchbruchs eine ovale Form an. Grund dafür ist die Abweichung der Umformzone von der Gestalt des Kegelstumpfes (vergl. Kap.4) und die beträchtliche Vergrößerung der Reibfläche im Matrizendurchbruch bei rechteckiger Durchbruchsform. Auf die stark vergrößerte Reibfläche ist auch zurückzuführen, daß das Temperaturmaximum beim Übergang vom quadratischen zum rechteckigen Durchbruch in diesem Beispiel um mehr als 10K zunimmt.

In Bild 28 werden Rechteckdurchbrüche mit unterschiedlichen Umformgraden miteinander verglichen.

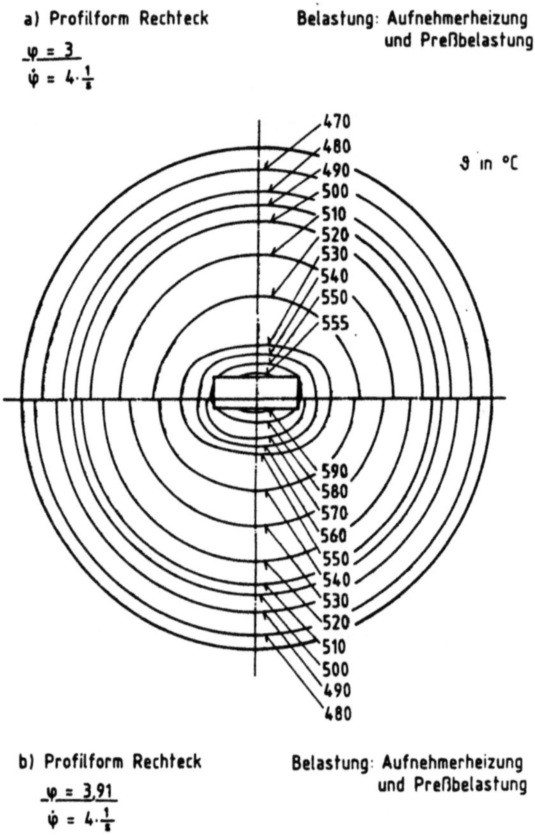

Bild 28: Temperaturfeld auf der Matrizenstirnfläche bei Preßbelastung. a - Rechteck $\varphi = 3$, b - Rechteck $\varphi = 3{,}91$.

In beiden Fällen ist das Temperaturverhalten ähnlich, wenngleich es bei geringerem Umformgrad, also größerer Profilquerschnittsfläche weniger ausgeprägt ist. Bei geringerem Umformgrad ist die Maximaltemperatur niedriger und der Temperaturgradient in radialer Richtung flacher als bei höherem Umformgrad. Dies liegt vor allem an der geringeren Umformwärme bei kleinerem Umformgrad. Die Querschnittsform Rechteck kommt als Formelement bei sehr vielen Profilen vor, oft als Steg mit extremen Länge/Breite-Verhältnissen. Je größer dieses Verhältnis Länge zu Breite ist, umso ungleichmäßiger ist die Ausbildung des Temperaturfelds auf der Matrizenstirnfläche.

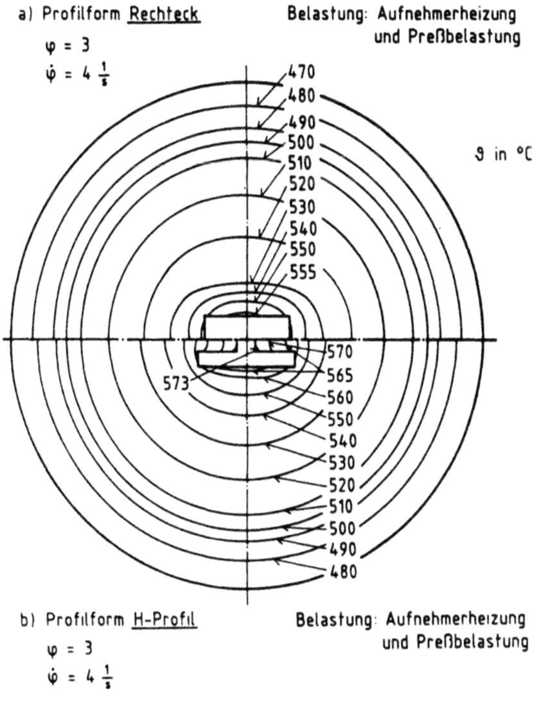

Bild 29: Temperaturfeld auf der Matrizenstirnfläche bei Preßbelastung. a - Rechteck $\varphi = 3$, b - H-Profil $\varphi = 3$.

Eine weitere Querschnittsform, die als Formelement oft vorkommt, ist die U - oder H - Form. Bild 29 zeigt das Temperaturfeld auf der Matrizenstirnfläche bei einem H-förmigen Matrizendurchbruch in Vergleich zum flächengleichen Rechteckdurchbruch. Von besonderem Interesse ist bei dieser Profilform das Verhalten der am meisten beanspruchten "Werkzeugzunge" die während des Preßvorgangs auf drei Seiten von Werkstückwerkstoff "umspült" wird.

Gegenüber der rechteckigen Durchbruchsform liegt das Temperaturniveau beim H-förmigen Durchbruch beträchtlich höher, vor allem wegen der bedeutend größeren Reibfläche im Preßkanal. Auch hier sind, wie bei den Rechteckprofilen, in den Flächenmitten des Durchbruchs höhere Temperaturen zu verzeichnen als in den jeweiligen Durchbruchskanten. Das Temperaturmaximum liegt an der Spitze der Werkzeugzunge, die erwartungsgemäß die größten thermischen Beanspruchungen zu ertragen hat. Die ovale Ausbildung der Isothermen in Bereichen um den Matrizendurchbruch bleibt erhalten.

6.2.1.3 Einfluß der Reibung im Preßkanal

Die Gestaltung der Reibflächen im Matrizendurchbruch ist ein übliches Hilfsmittel zur Steuerung des Strangauslaufs /44,46/. Dies geschieht entweder über die Beeinflussung der Parallelität oder der Länge der Laufflächen. Allerdings können keine quantitativen Aussagen über die im Matrizendurchbruch ablaufenden Reibvorgänge getroffen werden, da weder ein genauer Reibungskoeffizient für die Paarung Stahl/Aluminium angegeben werden kann, noch Aussagen über die Parallelität der Reibflächen während der Belastung gemacht werden können. Wird die Matrize während der Pressung so verformt, daß sich der Preßkanal kegelig erweitert, kann nicht mit Reibung auf der ganzen zur Verfügung stehenden Preßkanalfläche gerechnet werden. Das gleiche gilt für ein mögliches "Abheben" des Stranges von der Reibfläche, das stoffflußbedingt eintreten kann /58/. Der thermische Einfluß der Reibung kann deshalb nur abgeschätzt werden. Als obere Schranke dient hier die maximal übertragbare Schubspannung, die im gesamten Preßkanal wirken soll. In Bild

30 sind Matrize, Matrizenhalter und Stützwerkzeug unter thermischer Belastung mit und ohne Reibung im Preßkanal dargestellt.

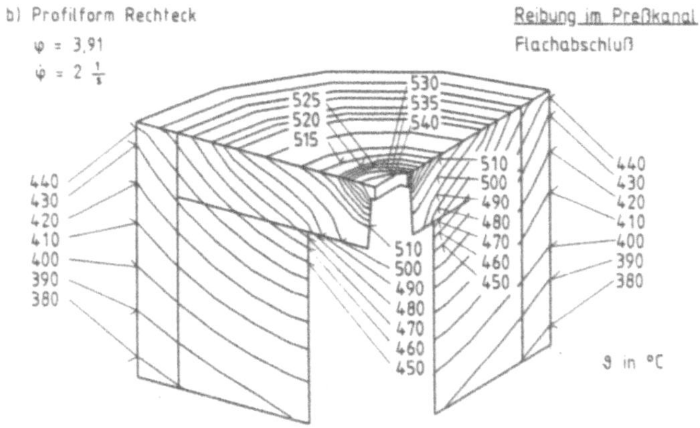

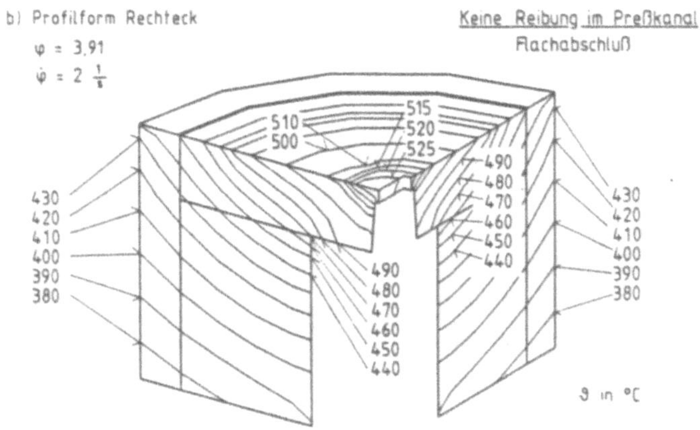

Bild 30: Temperaturfeld in der Matrize bei Annahme unterschiedlicher Reibungsbedingungen im Preßkanal.

Das prinzipielle Temperaturverhalten ist in beiden Fällen gleich, erhebliche Unterschiede liegen allerdings in der Höhe der jeweiligen Temperaturen im Preßkanal, die trotz der relativ geringen Preßgeschwindigkeit bis zu 2oK betragen. In vom

Durchbruch weiter entfernten Werkzeugbereichen besteht dieser Temperaturunterschied kaum mehr. Deutlich zu sehen ist in der Matrize ein unsymmetrisches Temperaturverhalten von der längeren zur kürzeren Seite des Durchbruchs. Besonders auf der Grundfläche der Matrize ist die Temperatur unterhalb der längeren Durchbruchseite gegenüber der unterhalb der kürzeren erhöht.

6.2.1.4 Annahme instationären Temperaturverhaltens

Ein instationäres Temperaturverhalten der Strangpresse muß angenommen werden, wenn die Vorgangszeit kurz ist und nicht in schneller Folge gepreßt wird. Das sind die Voraussetzungen des Versuchsbetriebs. In diesem Fall wird der Preßvorgang in einzelnen Zeitschritten betrachtet. Ausgehend von einem Anfangstemperaturfeld wird für den ersten Zeitschritt das zugehörige Temperaturfeld bestimmt, das wiederum als Anfangstemperaturfeld des nächsten Zeitschritts herangezogen wird usw.. Für die beschriebene Versuchspresse wurden für unterschiedliche Durchbruchsformen und Werkzeugsätze derartige Berechnungen durchgeführt. Im folgenden soll an einem Beispiel das prinzipielle Temperaturverhalten des Werkzeugsatzes erläutert werden. In Kap.7 werden die Berechnungsergebnisse mit experimentellen Ergebnissen verglichen.

Bild 31 zeigt die Temperaturverteilung der Struktur unter Preßbelastung bei Annahme von stationärem und instationärem Temperaturverhalten. Bei den gewählten Preßparametern entspricht die Vorgangszeit t=16s dem Ende des Preßvorgangs.

Die Temperatur im Matrizendurchbruch erreicht während eines einzelnen Preßvorgangs nicht das Niveau, das bei Annahme stationären Temperaturverhaltens erzielt wird. Im Vergleich mit der stationären Betrachtung weist der Rand der Matrizenstirnfläche einen bedeutend geringeren Temperaturanstieg auf. Das Temperaturniveau der weiter entfernt liegenden Bereiche hat sich nach einer Belastungsdauer von t=16s gegenüber der

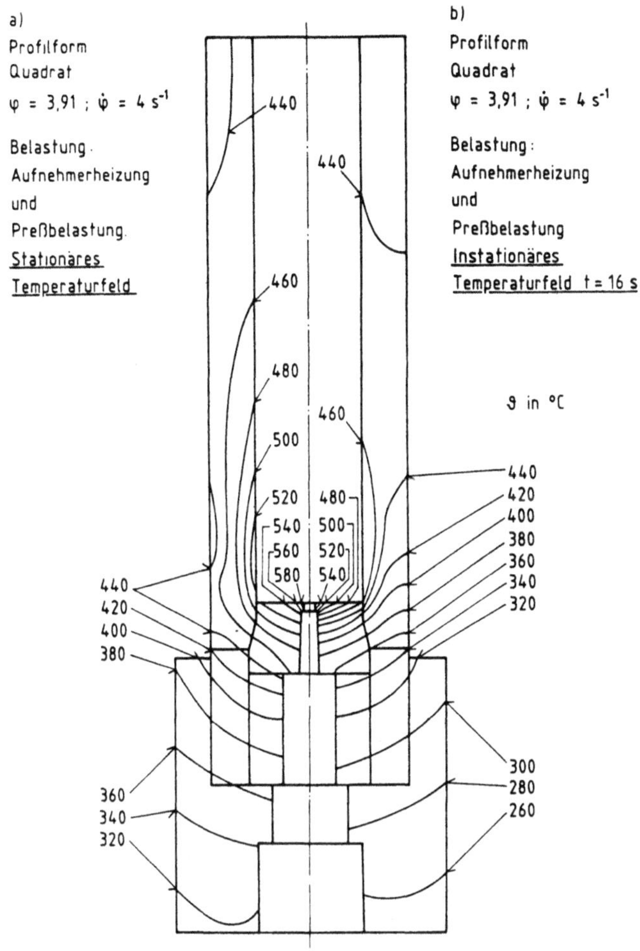

Bild 31: Temperaturfeld im Werkzeugsatz bei Annahme stationären und instationären Temperaturverhaltens.

Ausgangstemperatur kaum verändert. Bild 32 zeigt den Temperaturverlauf auf der Matrizenstirnfläche für verschiedene Zeitschritte. Zum Zeitpunkt t_0 ist die Struktur nur durch die Aufnehmerheizung belastet. Dann wird die Werkstücktemperatur auf

450° C festgelegt und sofort Preßbelastung angenommen. Der Preßvorgang ist nach 16s beendet. Darüberhinausgehende Zeitschritte simulieren ein Verhalten bei einer theoretisch angenommenen größeren Werkstücklänge, das dem des Dauerbetriebs nahekommt.

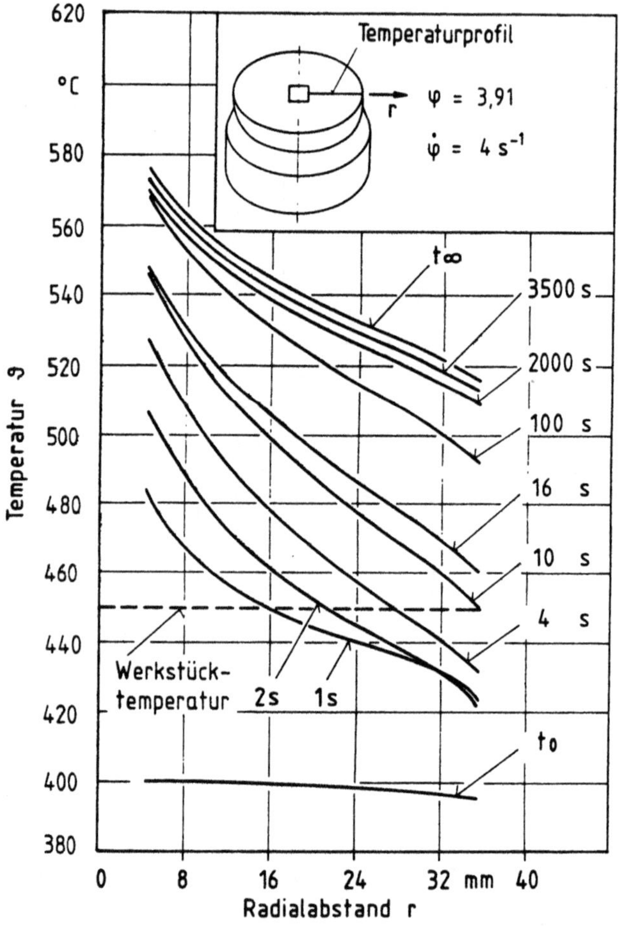

Bild 32: Temperaturverlauf auf der Matrizenstirnfläche in Abhängigkeit von der Vorgangszeit.

Mit Festlegung der Werkstücktemperatur auf 450° C und sofortiger Preßbelastung steigt die Temperatur auf der Matrizenstirnfläche sprunghaft an. Im Bereich des Matrizendurchbruchs ist dieser Effekt bedeutend stärker ausgeprägt als am Matrizenrand, da in der Nähe des Durchbruchs der Einfluß der Umformwärme schneller Auswirkungen zeigt. In Außenbereichen der Matrize ist ein größerer Wärmeabfluß möglich, so daß es hier nach dem anfänglichen Temperatursprung erst mit zeitlicher Verzögerung zu einem kontinuierlichen Temperaturanstieg kommt. Dadurch entsteht ein starker Temperaturabfall in radialer Richtung, der während des Preßvorgangs erhalten bleibt. Erst nach sehr langer theoretischer Vorgangsdauer erreicht die Temperatur an der Matrizenstirnfläche Werte, die denen bei stationärer Betrachtung (t_∞) entsprechen.

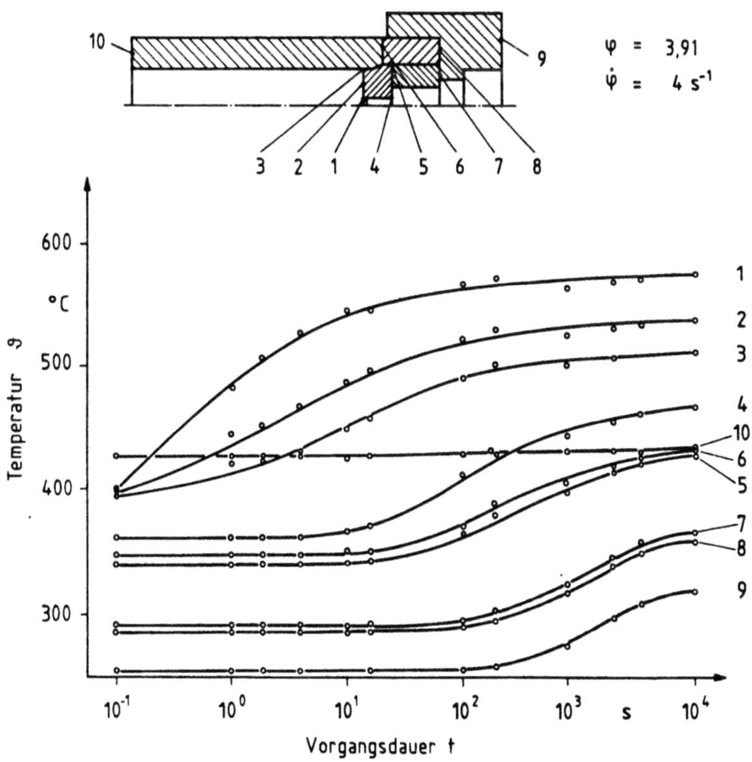

Bild 33: Instationäres Temperaturverhalten im Werkzeugsatz einer Versuchsstrangpresse.

Bild 33 zeigt das Temperaturverhalten des ganzen Werkzeugsatzes bei gleicher Belastung anhand diskreter Punkte. Diejenigen Bereiche der Struktur, die nicht in unmittelbarer Nähe zum Werkstück liegen, erfahren bei einem einmaligen Preßvorgang offensichtlich keine Temperaturerhöhung. Während die Matrizenstirnfläche spontane Temperaturerhöhungen aufweist, reagieren weiter entfernt liegende Punkte erst nach langer theoretischer Vorgangsdauer auf die Belastungen durch den Preßvorgang. Dieses von stationärer Betrachtung abweichende Temperaturverhalten bringt auch Unterschiede im Verformungsverhalten des Werkzeugsatzes mit sich.

6.2.2 Variation der Vorgangsgrößen bei Annahme stationären Temperaturverhaltens

6.2.2.1 Umformgrad, Umformgeschwindigkeit

Umformgrad und Umformgeschwindigkeit sind wesentliche Einflußgrößen auf das Temperaturverhalten beim Strangpressen. Beide haben direkte Auswirkungen auf die Fließspannung des Werkstückwerkstoffs, der Umformgrad wirkt sich zusätzlich unmittelbar auf den Kraftbedarf aus (vergl. Kap.4). Von der Umformgeschwindigkeit hängt der Wärmefluß - also die Wärmeproduktion oder Wärmeabgabe pro Zeiteinheit - linear ab. Bei Annahme einer nicht rotationssymmetrischen Ausbildung der Umformzone ist die Umformgeschwindigkeit eine örtlich variable Größe. Um Vergleichsmöglichkeiten zu erhalten soll sie im folgenden jedoch auch bei unregelmäßigen Profilen gemittelt und mit der des flächengleichen Rundprofiles gleichgesetzt werden. Bild 34 zeigt den Einfluß von Umformgrad und Umformgeschwindigkeit auf den Temperaturanstieg im Preßkanal. Reibungseinflüsse im Preßkanal bleiben unberücksichtigt.

Mit steigender Umformgeschwindigkeit erhöht sich die Temperatur bei rundem Matrizendurchbruch zunächst linear, erreicht dann aber eine waagerechte "Sättigungsgerade", die im Bereich von ΔT = 115K liegt. Bei rechteckigem Matrizendurchbruch ist ein prinzipiell gleiches Verhalten zu erkennen. Allerdings wird hier ein waagerechter Verlauf nicht ganz erreicht. Auch bei hoher Umformgeschwindigkeit bringt eine weitere Steigerung noch Temperaturerhöhungen im Matrizendurchbruch mit sich. Der Einfluß des Umformgrades macht sich deutlich bemerkbar in Form eines stärkeren Temperaturanstiegs bei wachsender Umformgeschwindigkeit.

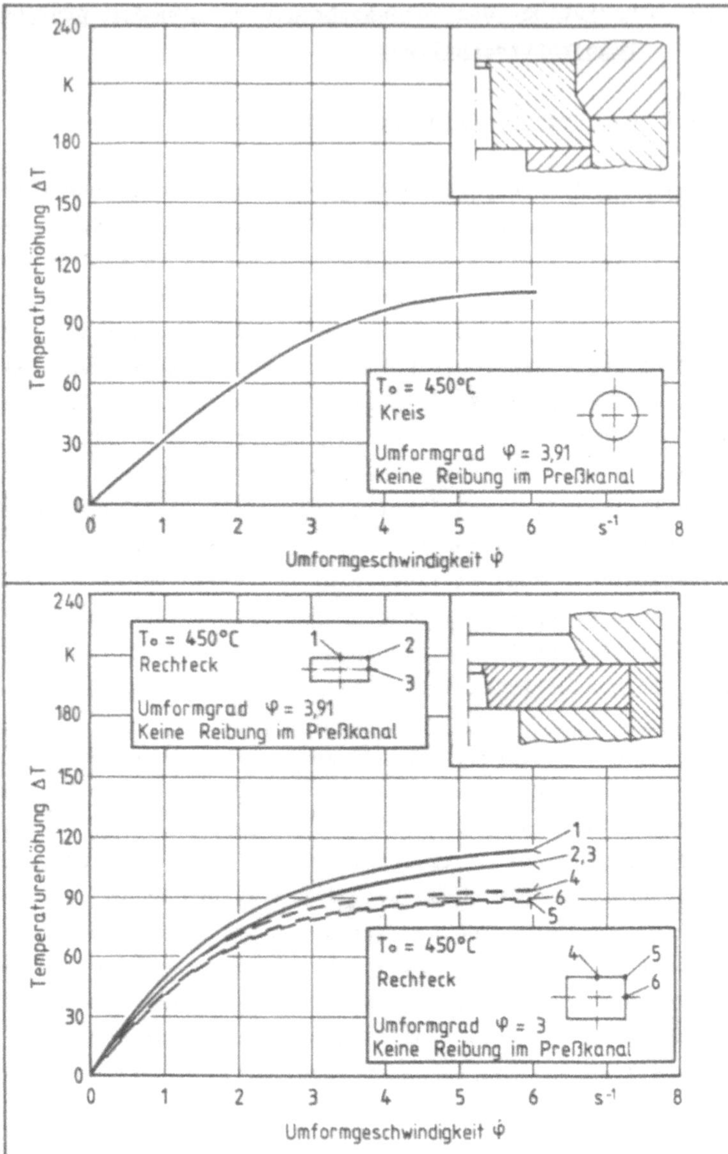

Bild 34: Temperaturverhalten im Matrizendurchbruch in Abhängigkeit von Umformgrad und Umformgeschwindigkeit.

6.2.2.2 Profilform

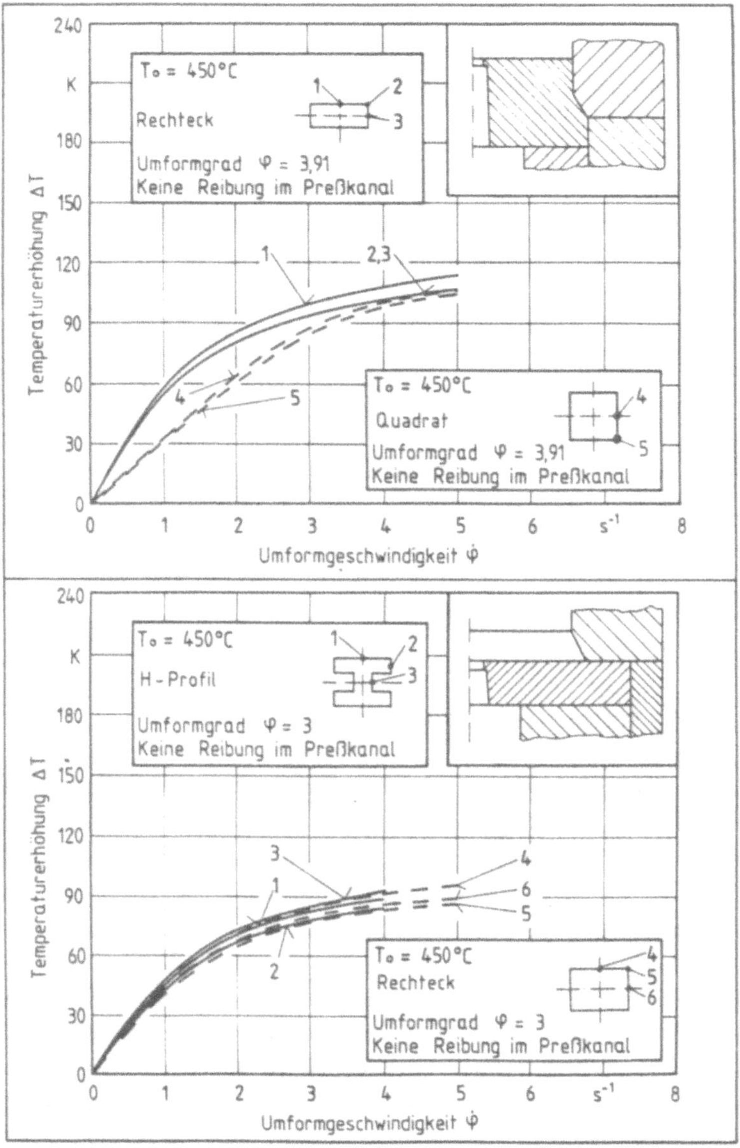

Bild 35: Temperaturverhalten im Matrizendurchbruch in Abhängigkeit von der Profilform.

Die Profilform kann in zweifacher Hinsicht das thermische Verhalten im Matrizendurchbruch beeinflussen:

- Veränderung der Umformzone und der darin anfallenden Wärme,
- Veränderung der Reibfläche im Preßkanal.

In Bild 35 wird der Einfluß unterschiedlicher Profilformen auf den Temperaturverlauf im Matrizendurchbruch verglichen. Die Reibung im Preßkanal bleibt dabei unberücksichtigt, so daß nur der Einfluß der Umformzone zum Tragen kommt.

Aufgrund geringer Unterschiede der Scherflächenverhältnisse in beiden Fällen (Rechteck/Quadrat und Rechteck/H-Profil) können keine gravierenden Unterschiede im Temperaturverlauf der jeweils verglichenen Matrizendurchbrüche festgestellt werden. Lediglich im Vergleich Rechteck/Quadrat zeigt der Rechteckdurchbruch ($A_s/A_\varnothing$ = 1,05) im Verhältnis zum Quadrat ($A_s/A_\varnothing$ = 1,006) einen stärkeren Temperaturanstieg sowie bei hoher Umformgeschwindigkeit eine um maximal 7°C höhere Temperatur im Matrizendurchbruch.

6.2.2.3 Reibungsverhältnisse im Preßkanal

Der Einfluß der Reibung im Preßkanal wurde mit Hilfe einer Schranke (Schubfließgrenze) nach oben hin abgeschätzt (vergl.-Kap.4). In Bild 36 ist er am Beispiel des H-Profiles dargestellt. Dabei müssen die Ergebnisse der Berechnungen mit Reibung im Preßkanal als oberer Grenzwert verstanden werden.

Deutlich wird der große Einfluß, den die Reibungsverhältnisse für den Temperaturverlauf im Matrizendurchbruch haben. Das Temperaturmaximum an der Werkzeugzunge steigert sich durch den Reibungseinfluß um über 30K. Das Temperaturgefälle im Querschnitt des Durchbruchs mit Maximum an der Werkzeugzunge (3) und Minimum an den Stegenden (2) bleibt bei Berücksichtigung von Reibung prinzipiell erhalten.

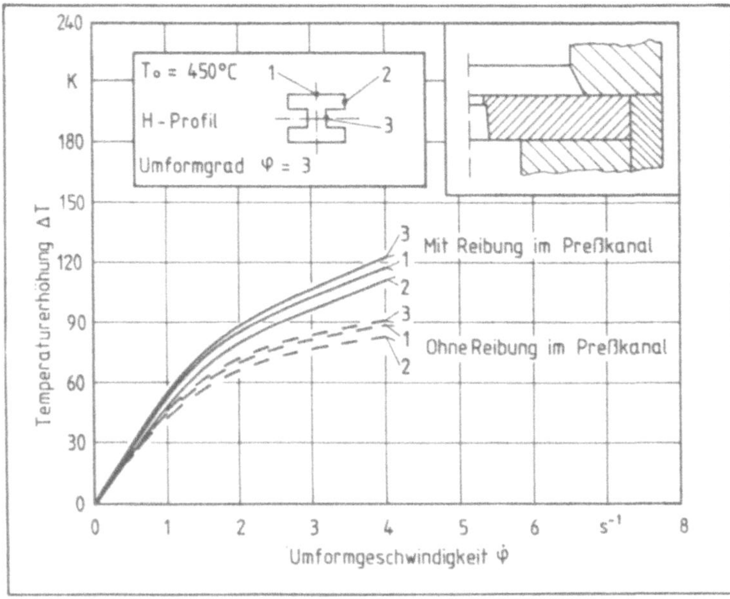

Bild 36: Temperaturverhalten im Matrizendurchbruch in Abhängigkeit von den Reibungsverhältnissen.

6.2.2.4 Werkzeugaufbau

Der Einfluß des Werkzeugaufbaus ist nicht nur für das später zu ermittelnde Verformungsverhalten von Interesse. Auch das Wärmeableitungsvermögen kann durch Unterschiede in Maß und Form verändert werden. Dies hat u.U. Auswirkungen auf Höhe oder Verlauf der Temperaturen im Werkzeugsatz. In Bild 37 sind Temperaturverläufe im Matrizendurchbruch für unterschiedliche Werkzeugsätze bei gleichem Umformgrad dargestellt.

Auf die Temperaturen im Matrizendurchbruch hat die Veränderung des matrizenseitigen Werkzeugsatzes offensichtlich keine Auswirkungen. In Verlauf und Höhe sind die Kurven für beide Werkzeugsätze nahezu deckungsgleich.

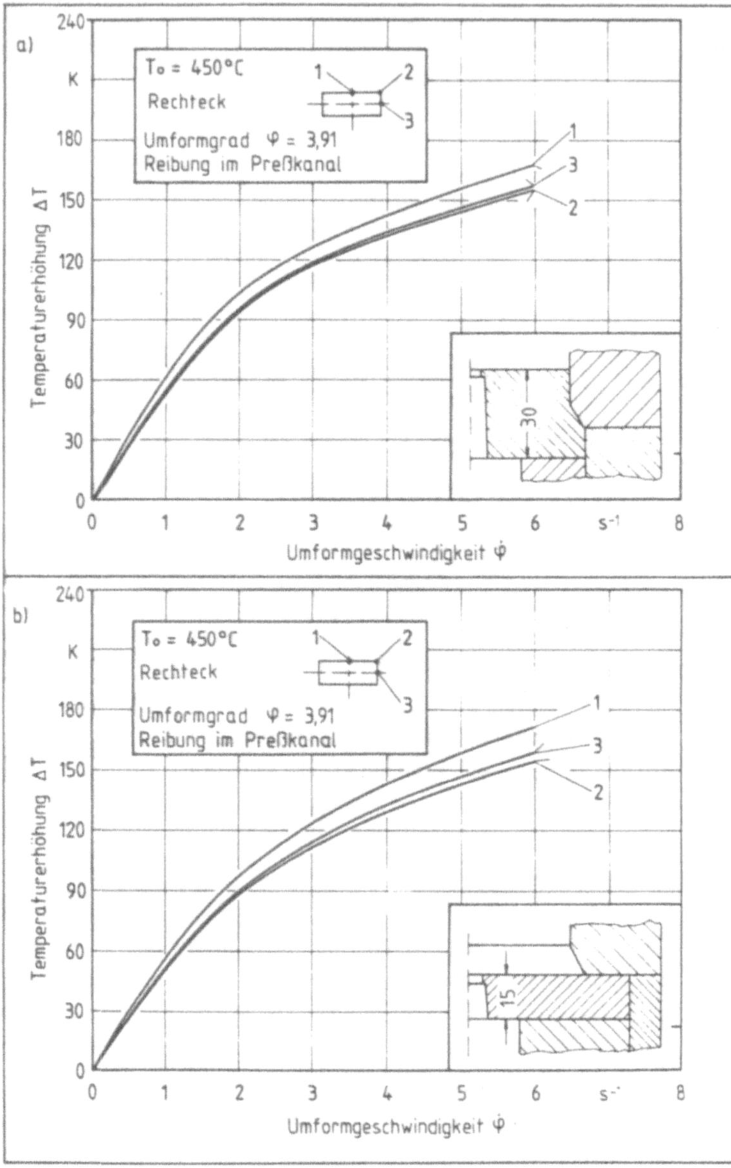

Bild 37: Temperaturverlauf im Matrizendurchbruch in Abhängigkeit vom Werkzeugaufbau, a - Kegelabschluß, b - Flachabschluß.

Reibung und Umformwärme haben für diesen Werkzeugbereich einen dominierenden Einfluß. Veränderungen im Wärmeableitungsvermögen sind in durchbruchnahen Bereichen von untergeordneter Bedeutung. Auf Temperaturen in vom Durchbruch weiter entfernt liegenden Werkzeugteilen hat der Werkzeugaufbau durchaus Einfluß (vergl. Bild 38).

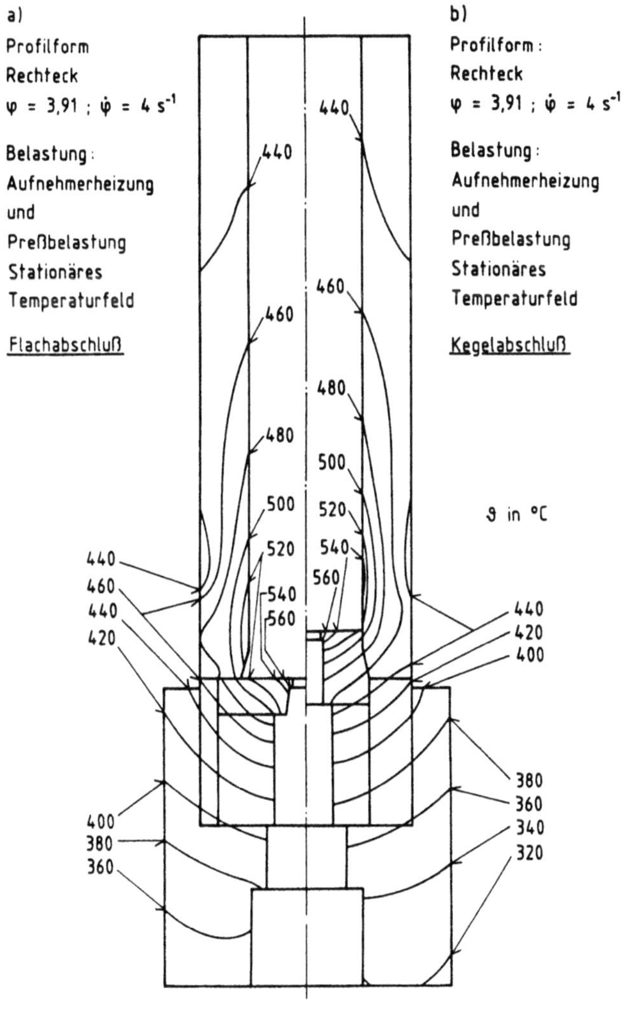

Bild 38: Temperaturfelder in Abhängigkeit vom Werkzeugaufbau.

So wird der matrizenseitige Werkzeugsatz beim Flachabschluß gegenüber dem Kegelabschluß um 30K - 40K wärmer. Grund dafür ist der geringere Abstand dieser Werkzeugteile zur Umformzone, der auf der geringeren Dicke der Matrize mit Flachabschluß beruht. Im Rezipienten verschieben sich beim Übergang von Kegel- zum Flachabschluß die Bereiche der Temperaturmaxima ebenfalls in Abhängigkeit von der Lage der Umformzone.

6.3 Werkzeugverformungen in Abhängigkeit von Vorgangsgrößen und Werkzeugaufbau

Die Verformungen des Strangpreß-Werkzeugsatzes werden durch maschinenspezifische und vorgangsbezogene Belastungen hervorgerufen. Im folgenden werden die einzelnen Belastungsarten hinsichtlich ihrer Auswirkungen auf das Verformungsverhalten getrennt betrachtet. Weiterhin wird der Einfluß unterschiedlicher Werkzeuggestaltung untersucht. Aufgrund des sehr kompakten Aufbaus des Werkzeugsatzes der Versuchspresse (vergl. Bild 20) ist damit zu rechnen, daß die erzielten Verformungen geringer als die bei Produktionspressen üblichen sind.

6.3.1 Prinzipielles Verformungsverhalten

Bild 39 zeigt das prinzipielle Verformungsverhalten des betrachteten Strangpreß-Werkzeugsatzes.

Das VVSP von Aluminiumlegierungen wird bei Aufnehmertemperaturen von ca. 450°C durchgeführt. Diese Erwärmung des Werkzeugsatzes und die zusätzlich zugeführte Umformwärme bewirken den größten Anteil an der Verformung der Gesamtstruktur, eine starke thermische Ausdehnung aller Werkzeugteile. Sie erfolgt in radialer und axialer Richtung. Die Ausdehnung in axialer Richtung wird allerdings behindert durch die Unterdrückung der axialen Verschiebbarkeit an der Werkzeughaltergrundseite und der Rückseite des Aufnehmers (vergl. Bild 24). Durch eine axiale Verspannung kommt es zu einem Aufstauchvorgang aller Werkzeugteile in axialer Richtung. Die mechanischen Belastungen während des Preßvorgangs bewirken zusätzlich zu einem weiteren Aufstauchen der Werkzeugteile unter der Matrize eine - wenn auch geringe - Durchbiegung dieser Teile. Durch die axiale Ausdehnung des Aufnehmers erfahren die matrizenseitigen Werkzeuge eine starke Verschiebung in Richtung des Werkzeughalters.

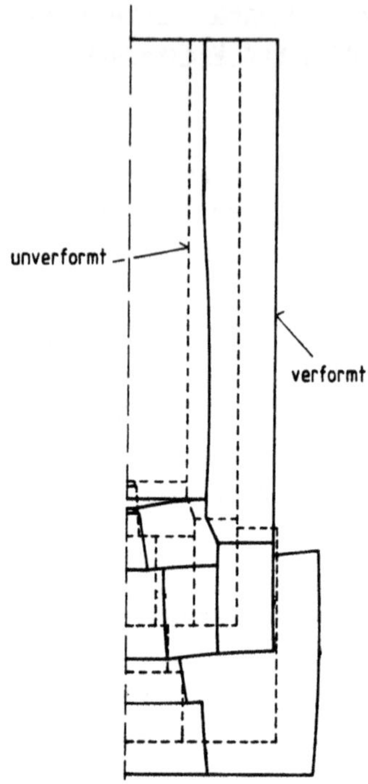

Bild 39: Verformungen eines Strangpreß-Werkzeugsatzes bei kombinierter mechanischer und thermischer Beanspruchung, die Verformungen sind nicht maßstäblich dargestellt.

In Bild 40 sind die Verformungen der einzelnen Werkzeuge unter Preßbelastung dargestellt. Die axiale Verschiebung der Werkzeuge aufgrund der thermischen Ausdehnung des Aufnehmers wurde nicht berücksichtigt, um die Verformungen in radialer Richtung besser darstellen zu können. Aus Gründen der Übersichtlichkeit wurden die Netze vergröbert dargestellt.

Die Unterschiede in den Abmessungen zwischen verformter Struktur und unverformter Struktur (strichliniert) sind stark überhöht. Die Werkzeugteile sind nicht maßstäblich dargestellt.

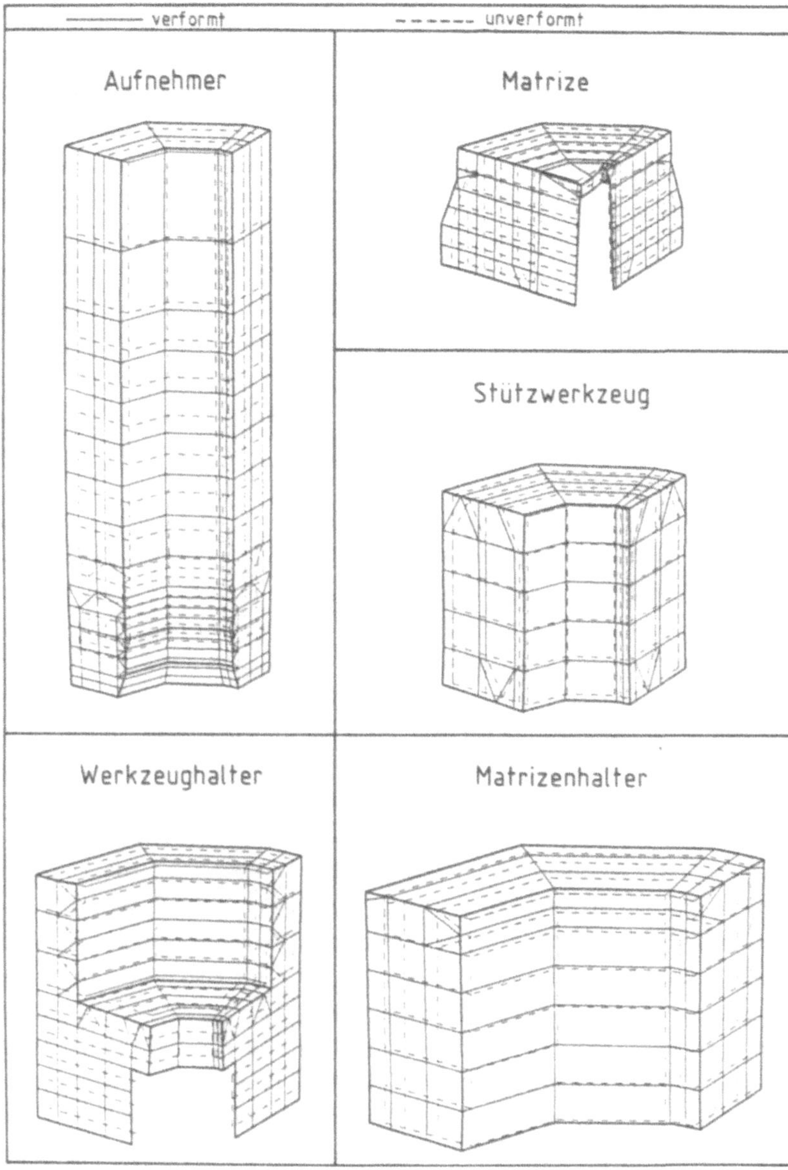

Bild 40: Verformungen einzelner Werkzeugteile. Die axiale Verschiebung aufgrund der Ausdehnung des Aufnehmers wurde nicht berücksichtigt.

Allen Teilen gemeinsam ist die starke thermische Ausdehnung in radialer aber auch in axialer Richtung. Bei der Matrize ist im Bereich des Durchbruchs zusätzlich eine Überlagerung durch einen Biegeanteil zu erkennen. Bei allen Werkzeugen wirkt sich die thermische Ausdehnung in Form einer radialen Werkzeugaufweitung aus. Die einzige Ausnahme ist hierbei die Matrize. Während sie sich in äußeren Bereichen wie die anderen Werkzeugteile radial stark ausdehnt, wird der Bereich um den Matrizendurchbruch nach innen verschoben. Grund dafür ist der in Kap.6.2 beschriebene Temperaturgradient auf der Matrizenstirnfläche in radialer Richtung mit einem Temperaturmaximum im Preßkanal. Radial weiter außen liegende, kältere Werkzeugbereiche haben aufgrund ihrer niedrigeren Temperatur eine geringere Tendenz, sich nach außen zu verlagern als die innen liegenden, wärmeren Bereiche. Wegen der daraus resultierenden radialen Stützwirkung verlagern sich die Werkzeugbereiche um den Matrizendurchbruch nach dem Prinzip des kleinsten Zwanges weiter nach innen. Bild 41 macht dies für einen rechteckigen Matrizendurchbruch deutlich. Dargestellt sind Verformungen des Durchbruchs bei unterschiedlicher Belastung.

Bei Herstellung der Preßbereitschaft, d.h. bei Aufnehmerheizung und axialer Verspannung erweitert sich der Preßkanal aufgrund der oben beschriebenen thermischen Ausdehnung. Ein Temperaturgefälle auf der Matrizenstirnfläche existiert in diesem Fall nicht. Der Preßkanal weist eine leicht kegelige Verengung in Preßrichtung auf. Bei zusätzlicher mechanischer und thermischer Belastung durch den Preßvorgang bildet sich ein anderes Verformungsverhalten aus. Die Laufflächen wölben sich nach innen, abhängig von der Fläche kommt es zu einer Verringerung des Durchbruchsmaßes gegenüber dem unverformten Zustand. Der Längsschnitt durch eine Reibfläche zeigt, daß sich der Preßkanal in Preßrichtung kegelig erweitert, was Konsequenzen für die Reibungsvorgänge im Durchbruch haben kann. Dieses Verformungsverhalten wurde, unabhängig vom Werkzeugsatz, prinzipiell für alle betrachteten rechteckigen und quadratischen Matrizendurchbrüche beobachtet. Die Größe der Effekte hängt allerdings von Vorgangsparametern und Werkzeugaufbau ab.

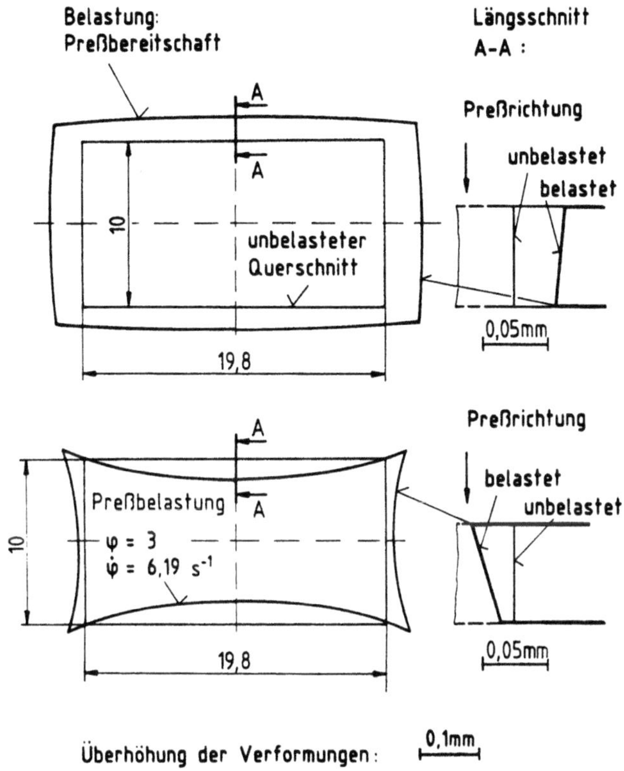

Bild 41: Verformungen des Matrizendurchbruchs.

6.3.2 Bewertung thermischer und mechanischer Einflußgrößen

Bei der Berechnung der Werkzeugverformungen mit Hilfe der FEM können durch Variation der Randbedingungen sehr einfach Auswirkungen der unterschiedlichen Einflußgrößen voneinander getrennt werden. Im wesentlichen ist dies die Trennung in Einflüsse thermischer und mechanischer Größen. Die Vorgänge im Preßkanal werden gesondert betrachtet.

6.3.2.1 Thermische Belastungen

Auf den großen Einfluß der Aufnehmerheizung wurde oben eingegangen (vergl. Bild 41). Der Zustand der Preßbereitschaft mit thermisch stark ausgedehnten Werkzeugteilen kann als Ausgangszustand aufgefaßt werden, dem die Preßbelastung überlagert wird.

Wärmefluß im Werkstück

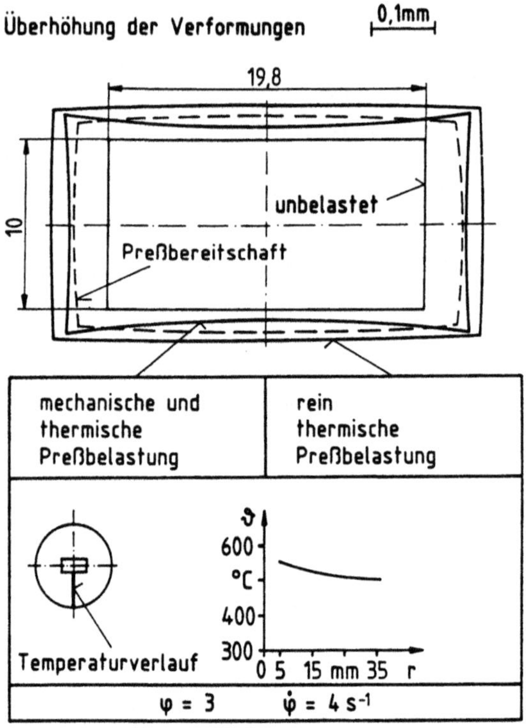

Bild 42: Verformungen des Matrizendurchbruchs aufgrund unterschiedlicher Annahmen der Preßbelastung.

Bild 42 stellt Verformungen eines rechteckigen Matrizendurchbruchs unter kombinierter mechanisch/thermischer Belastung und unter rein thermischer Belastung dar. Die Temperaturfelder der Struktur sind in beiden Fällen gleich. Die thermischen Belastungen, die während des Preßvorgangs berücksichtigt wurden sind Wärmequellen in der Umformzone sowie Reibwärme an der Aufnehmerinnenwand und im Preßkanal. Den Berechnungen lag die Annahme stationären Temperaturverhaltens zugrunde.

Die rein thermische Belastung führt - ausgehend von der Preßbereitschaft - zu einer noch stärkeren Aufweitung des Matrizendurchbruchs. Grund dafür ist das hohe Temperaturniveau, auf dem sich die Struktur befindet. In Kombination mit der mechanischen Preßbelastung ist dann eine ballige Verkleinerung des Durchbruchs, bezogen auf die Preßbereitschaft zu erkennen.

Instationäres Temperaturverhalten

Bild 43 zeigt einen rechteckigen Matrizendurchbruch unter jeweils gleicher mechanischer Last, aber unterschiedlichen thermischen Belastungen. Wird ein stationäres Temperaturverhalten angenommen, ist das Temperaturniveau hoch und der Gradient in radialer Richtung klein. Liegt instationäres Temperaturverhalten den Berechnungen zugrunde, so ist das Temperaturniveau, abhängend vom betrachteten Zeitpunkt des Preßvorgangs, niedriger als im stationären Fall, der Temperaturabfall in radialer Richtung stärker.

Bei Annahme instationären Temperaturverhaltens ist deshalb der Matrizendurchbruch während des Preßvorgangs enger als im stationären Fall, da die Stützwirkung der radial weiter außen liegenden Werkzeugbereiche wegen des niedrigeren Temperaturniveaus und des stärkeren Temperaturabfalls in radialer Richtung größer ist und eine stärkere radiale Vorspannung wirkt.

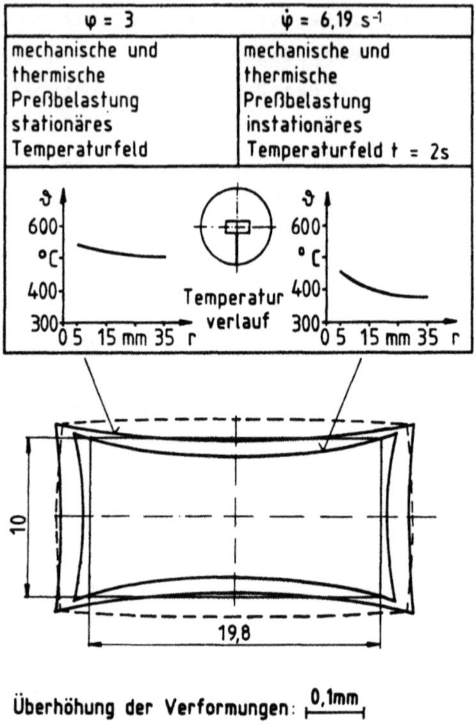

Bild 43: Einfluß des Temperaturverhaltens auf das Verformungsverhalten.

6.3.2.2 Mechanische Belastungen

Zu den hier betrachteten mechanischen Belastungen gehören der axiale Matrizendruck, die Reibkraft und der Innendruck im Aufnehmer.

Speziell bei Anwendung des Flachabschlusses haben mechanische Vorgänge am Aufnehmer einen vernachlässigbaren Einfluß auf das Verformungsverhalten der Matrize. Da die Kegelabdichtung im industriellen Einsatz kaum mehr zum Einsatz kommt, wurde auf eine Variation der Belastungsannahmen im Aufnehmer verzichtet.

Der axiale Druck auf die Matrizenstirnfläche hat großen Einfluß auf das Verformungsverhalten des Matrizendurchbruchs. Durch diese Druckbelastung wird die Matrize gestaucht, es kommt zu "Ausbauchungen", die auch den Matrizendurchbruch beeinflussen können. Bild 44 zeigt den Einfluß unterschiedlicher Druckannahmen auf die Änderung der Durchbruchsmaße für einen rechteckigen Matrizendurchbruch.

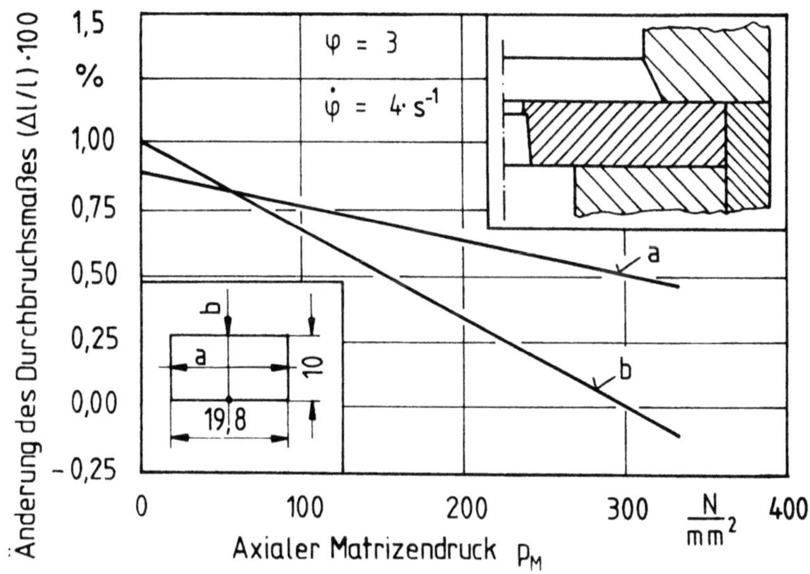

Bild 44: Einfluß des axialen Matrizendrucks auf das Verformungsverhalten des Matrizendruchbruchs.

Mit Erhöhung des axialen Matrizendrucks verkleinert sich der Durchbruch. Dabei sind die Auswirkungen der Druckvariation auf das Durchbruchsmaß b stärker als auf das Maß a, bezogen auf die Strangabmessungen. Es ist damit zu rechnen, daß bei größeren Längen- zu Breiten-Verhältnissen des Rechteckes dieser Effekt noch ausgeprägter ist.

6.3.2.3 Vorgänge im Preßkanal

Die Vorgänge im Preßkanal sind nicht genau bekannt und lassen sich deshalb nur schlecht simulieren. Zum einen kann die Annahme der Schubfließgrenze für die Reibung im Preßkanal nur als Abschätzung dienen, zum anderen sind die Vorgänge im Preßkanal in hohem Maß abhängig von kleinen Änderungen der Gestalt des Durchbruchs (Parallelität, Länge der Reibflächen). Das Verformungsverhalten der Matrize selbst hat wiederum Auswirkungen auf die Durchbruchsform und strenggenommen damit auch auf die im Preßkanal anzusetzenden Randbedingungen. Unberücksichtigt müssen auch Werkstoffflußeffekte bleiben.

Für eine definierte Gestalt der Laufflächen können immerhin die prinzipiellen Auswirkungen der Vorgänge im Preßkanal beschrieben werden. Damit kann zumindest der Einfluß einzelner Belastungskomponenten abgeschätzt werden. Die Preßkanallängen aller betrachteten Matrizen wurden einheitlich auf 3 mm festgelegt. Es wurde angenommen, daß der Strang auf der ganzen Preßkanalfläche einen radialen Druck von k_f ausübt. Die für die Reibung ausschlaggebende Schubfließgrenze wurde in Anlehnung an /46/ auf $k_f/2$ festgelegt. Wegen der hohen Temperatur des Werkstückwerkstoffes ist seine Fließspannung gegenüber dem kalten Zustand stark erniedrigt (k_f = 30-40 N/mm²), die mechanischen Belastungen sind bei der gewählten Reibkanallänge klein. Aufgrund der mechanischen Reibung entsteht im Preßkanal zusätzlich Wärme, die zum Teil im Strang verbleibt und abgeführt wird, zum Teil aber auch den Matrizendurchbruch erwärmt. Bild 45 zeigt Änderungen des Durchbruchsmaßes bei unterschiedlichen Belastungsannahmen im Preßkanal.

Bei den gewählten Vorgangsparametern erweitert sich der Matrizendurchbruch (A). Mechanische und thermische Vorgänge im Preßkanal wurden hier nicht betrachtet. In (B) wurde zusätzlich die Erwärmung der Struktur durch Reibwärme im Preßkanal berücksichtigt. Der Einfluß dieser thermischen Komponente ist vernachlässigbar klein. In (C) und (D) ist der Einfluß der mechanischen Vorgänge im Preßkanal zu erkennen. Die Reibung wirkt verengend auf den Durchbruch, während der radiale Druck eine Erweiterung mit sich bringt. Werden sämtliche mechanischen und thermischen Belastungen im Preßkanal angenommen (E), so ergibt sich gegenüber (A) ein vernachlässigbar kleiner Unterschied. Aufgrund ihrer gegenläufigen Auswirkungen haben die Vorgänge im Preßkanal nur untergeordnete Bedeutung auf die Geometrie des Matrizendurchbruchs während des Preßvorgangs. Aus diesem Grund kann für diese spezielle Werkzeuggeometrie auf alternative Betrachtungen mit und ohne Belastungen im Preßkanal verzichtet werden.

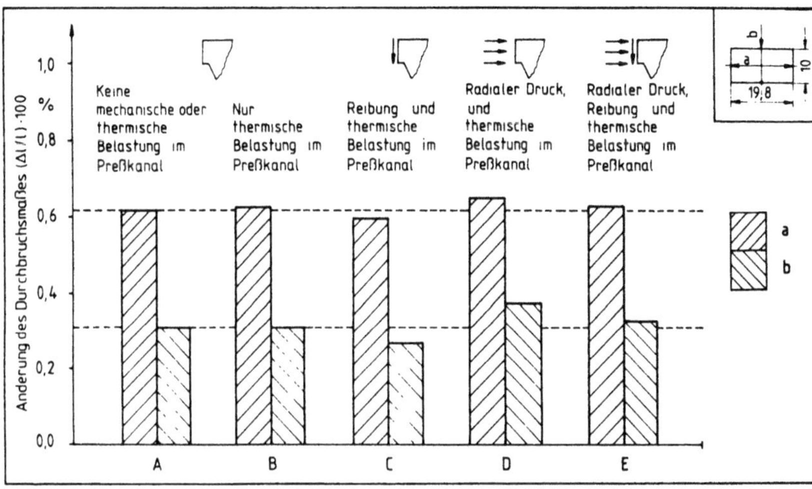

Bild 45: Einfluß der Vorgänge im Preßkanal auf das Verformungsverhalten des Matrizendurchbruchs.

6.3.3 Einfluß des Werkzeugaufbaus

Unterschiede im Aufbau von Strangpreß-Werkzeugsätzen liegen vor allem in der Abdichtungsart Matrize/Aufnehmer. Im Industrieeinsatz haben sich Zylinder- bzw. Flachabschlüsse fast überall durchgesetzt. Bei der betrachteten Versuchsstrangpresse wurden Werkzeugsätze mit Flachabschluß und Kegelabschluß eingesetzt (vergl. Bild 20). Auf die besondere Art die Schließkraft aufzubringen (feststehender Aufnehmer, verschiebarer matrizenseitiger Werkzeugsatz) wurde in Kap.4 eingegangen. Aufgrund ihrer unterschiedlichen Einbindung in die Struktur zeigen Matrizen mit Flach- bzw. Kegelabschluß unterschiedliches Verformungsverhalten bei Preßbelastung. Bild 46 zeigt Verformungen eines Matrizendurchbruchs für diese unterschiedlichen Abschlußarten.

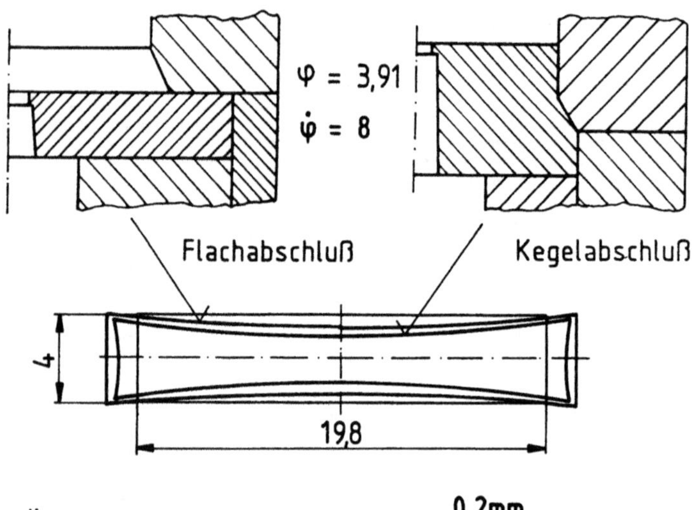

Bild 46: Verformungen des Matrizendurchbruchs bei unterschiedlichem Werkzeugaufbau.

Bei gleicher Belastung zeigt der Matrizendurchbruch mit Kegelabschluß bedeutend stärkere Verformungen als bei Einsatz eines Flachabschlusses. Das liegt vor allem an der Stützwirkung des Aufnehmers, mit dem die Matrize mit Kegelabschluß formschlüssig verbunden ist. Bei Belastung wirkt der Aufnehmer wie ein Stützring: eine elastische Auffederung in radialer Richtung ist viel weniger möglich, als bei Einsatz des Flachabschlusses (vergl. Bild 20). Die thermische Ausdehnung der Werkzeugbereiche am Matrizendurchbruch bringt damit eine stärkere Verengung des Preßkanals mit sich. Maschinenspezifische Größen haben deshalb bei beiden Abschlußarten auch unterschiedliche Auswirkungen.

6.3.3.1 **Einfluß des Aufnehmers**

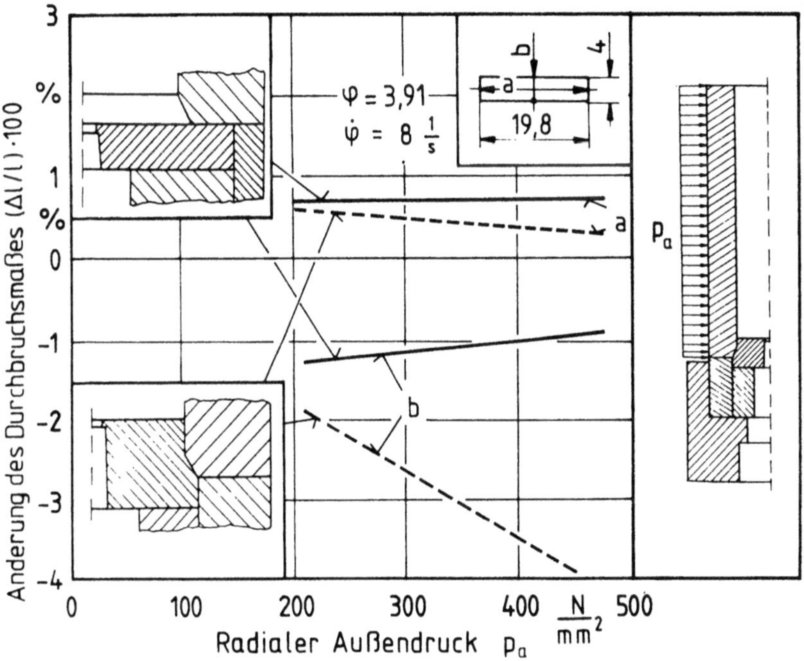

Bild 47: Einfluß des radialen Außendrucks am Aufnehmer auf das Verformungsverhalten des Matrizendurchbruchs.

Der Aufnehmer der Versuchsstrangpresse ist zweigeteilt und als Schrumpfverband ausgebildet. Da der Außenring des Schrumpfverbandes, der Aufnehmermantel, nicht mitidealisiert wurde, mußte die radiale Vorspannung der Innenbüchse durch eine

Druckbeaufschlagung auf ihrer Außenseite ersetzt werden. Bild 47 zeigt die Auswirkungen, die eine Variation des Außendrucks am Aufnehmer auf die Abmessungen des Matrizendurchbruchs hat.

Der Einsatz des Flachabschlusses bringt eine geringere Empfindlichkeit des Matrizendurchbruchs gegenüber einer Veränderung des Außendrucks am Aufnehmer mit sich. Ein ganz anderes Verhalten zeigt der Matrizendurchbruch bei Einsatz des Kegelabschlusses. Die Erhöhung des Außendrucks am Aufnehmer bewirkt in diesem Fall eine starke Verengung des Matrizendurchbruchs aufgrund höherer radialer Belastung und starker radialer Stützwirkung. Bei Variation der anderen Belastungen wurde i.a. von einem radialen Außendruck am Aufnehmer von $250N/mm^2$ ausgegangen, was einem Haftmaß von ca. 0,2% entspricht.

6.3.3.2 Einfluß der axialen Vorspannung

Nicht nur der Werkzeugsatz, sondern auch das Maschinenbett erfährt durch Heizung und Umformwärme eine Temperaturerhöhung. Da sowohl der Werkzeughalter, als auch der Aufnehmer axial gelagert sind, hängt das Verformungsverhalten des Werkzeugsatzes von der Maschinenbett - Temperatur ab. Deshalb wurden die Auflager an der Werkzeughalter - Randseite mit vorgeschriebenen Verschiebungen belegt, die die thermische Ausdehnung des Maschinenbetts simulieren sollen (vergl. hierzu Bild 24). Dabei wird von einer konstanten Temperatur des Maschinenbetts ausgegangen. Eine hohe Maschinenbett - Temperatur entspricht somit einer starken (negativen) Verschiebung z_v. Bild 48 zeigt den Einfluß der axialen Verschiebung. z_v = -1,5 mm entspricht einer angenommenen Maschinenbett-Temperatur von 320°C, z_v = 1 mm entspricht 240°C (vergl. hierzu Kap.5).

Der Matrizendurchbruch reagiert auf eine Belastungsänderung bei beiden Abschlußarten ähnlich. Mit zunehmender Maschinenbett-Temperatur, also zunehmender axialer Verschiebung, verkleinert er sich, wobei der Effekt für das kleinere Durchbruchsmaß (b) bedeutend ausgeprägter ist, als für das größere (a). Dies liegt daran, daß bei größerer axialer Verschiebung ein gewisser "Ausbauchеffekt" des gesamten Werkzeugsatzes weniger ausgeprägt ist.

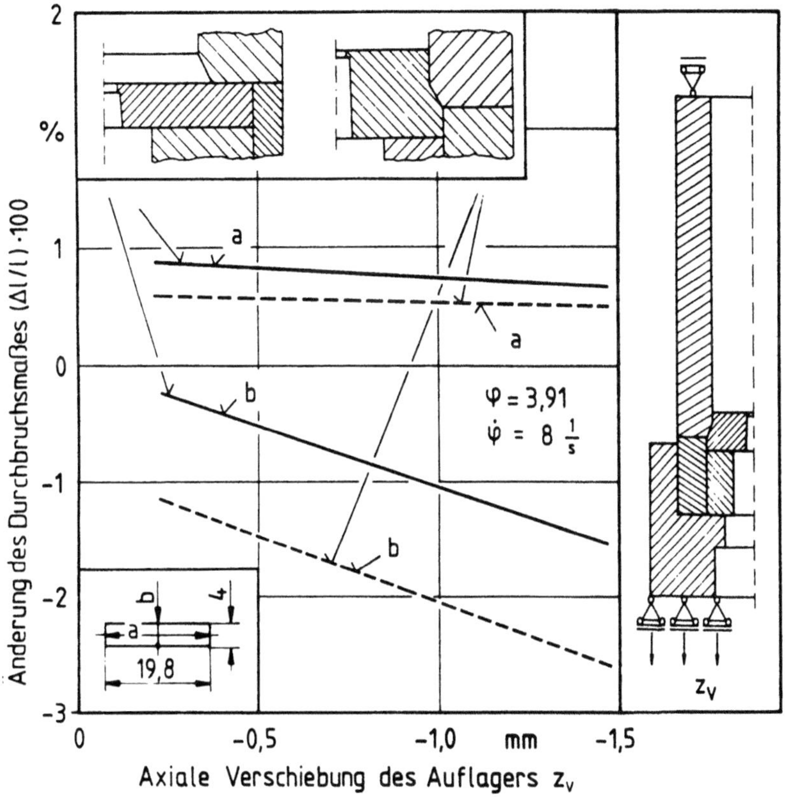

Bild 48: Einfluß der axialen Vorspannung auf das Verformungsverhalten des Matrizendurchbruchs.

Der thermische Zustand des Maschinenbetts hat somit bei beiden untersuchten Abschlußarten direkte Auswirkungen auf das Verformungsverhalten des Matrizendurchbruchs.

6.3.4 Variation der Vorgangsgrößen

6.3.4.1 Umformgrad, Umformgeschwindigkeit

Für runde und rechteckige Matrizendurchbrüche wurde der Umformgrad variiert. Bei den Berechnungen für runde Matrizendurchbrüche konnte dabei auf experimentell ermittelte Temperaturrandbedingungen zurückgegriffen werden /35/. Bild 49 zeigt den Einfluß von Umformgrad und Umformgeschwindigkeit auf die Matrizenverformung für runde Matrizendurchbrüche und einen Kegelabschluß. Da experimentell ermittelte Randbedingungen zur Verfügung standen, konnte die Verformung zu einzelnen Zeitpunkten der Pressung berechnet werden, was der bereits beschriebenen instationären Betrachtungsweise entspricht.

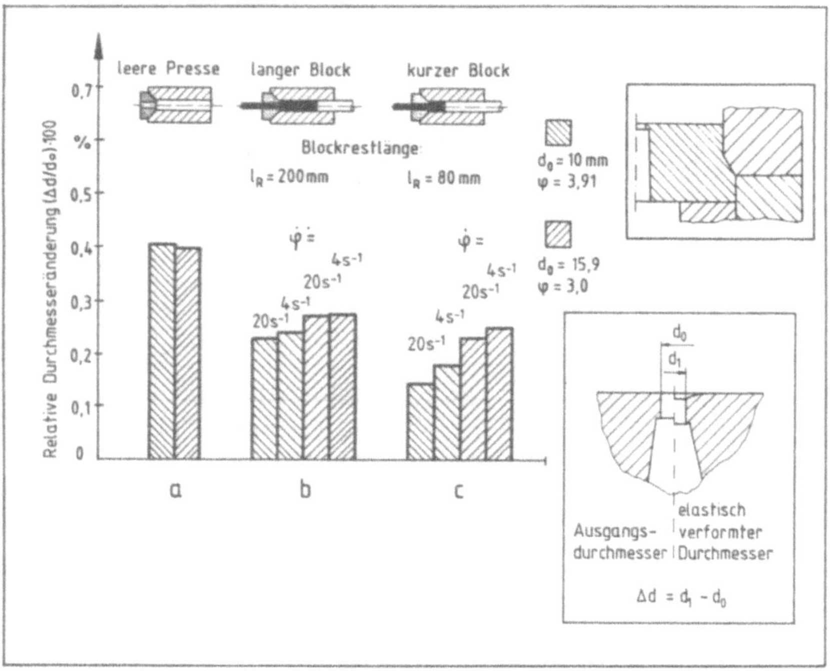

Bild 49: Einfluß von Umformgrad und Umformgeschwindigkeit auf das Verformungsverhalten beim VVSP von runden Vollprofilen.

Bei Herstellung der Preßbereitschaft (Bild 49a) erweitert sich der Matrizendurchbruch erwartungsgemäß. Ausgehend von diesem Zustand erfolgt bei Preßbelastung wiederum eine Verkleinerung (Temperaturgradient, Stützwirkung). Mit wachsendem Umformgrad und wachsender Umformgeschwindigkeit verstärkt sich dieses Verhalten. Mit wachsender Vorgangsdauer kommen diese Unterschiede noch mehr zum Tragen. Der Einfluß des Umformgrades verstärkt den Effekt der Verkleinerung des Durchbruchs. Die Umformgeschwindigkeit wirkt sich ähnlich aus, betragsmäßig jedoch nicht so stark. Von der Tendenz her bestätigen diese aufgrund experimentell ermittelter Randbedingungen gewonnenen Berechnungsergebnisse die aufgrund theoretischer Randbedingungen bestimmten voll. Insgesamt ändern sich die Abmessungen der runden Matrizendurchbrüche aber nur geringfügig: das liegt an der Kompaktheit dieser Profilform.

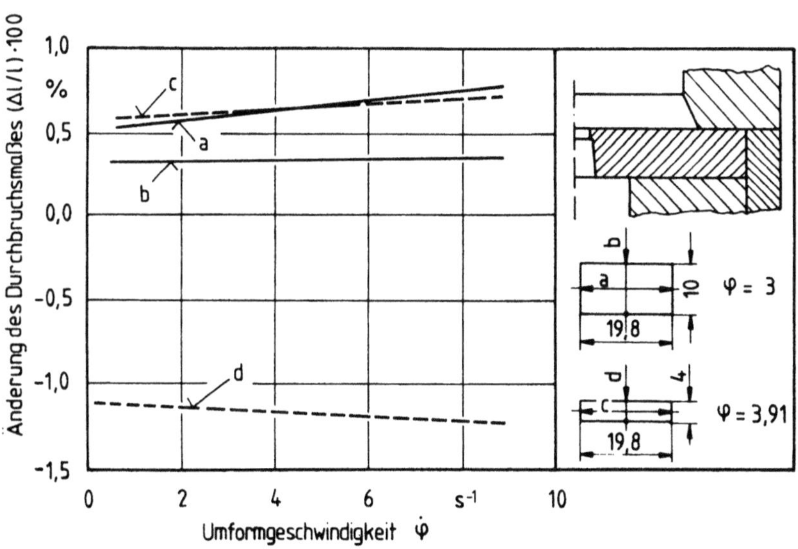

Bild 50: Einfluß von Umformgrad und Umformgeschwindigkeit auf das Verformungsverhalten beim VVSP von rechteckigen Vollprofilen.

In Bild 50 werden für einen Flachabschluß und rechteckige Matrizendurchbrüche die Einflüsse von Umformgrad und Umformgeschwindigkeit dargestellt.

Die Umformgeschwindigkeit hat offensichtlich nur untergeordnete Bedeutung auf das Verformungsverhalten des Matrizendurchbruchs. Dies hat verschiedene Gründe:

- Die mechanischen Belastungen der Matrize steigen mit wachsender Umformgeschwindigkeit nicht wesentlich, da mit Ansteigen der Umformgeschwindigkeit zwar die Fließspannung und damit die Umformkraft steigt, die gleichzeitig ansteigende Temperatur aber den gegenläufigen Effekt hat.
- Die thermischen Belastungen bewirken mit steigender Umformgeschwindigkeit ein bedeutend höheres Temperaturniveau in der gesamten Struktur, das eine starke radiale Ausdehnung mit sich bringt. Hierzu wirkt aber der radiale Temperaturgradient mit Maximum am Preßkanal gegenläufig, der die Verengung des Matrizendurchbruchs bewirkt.

Deutliche Auswirkungen zeigt die Variation des Umformgrades. Die kürzeren Seiten beider betrachteten Durchbrüche, die geometrisch am gleichen Ort der Struktur liegen, verschieben sich nahezu identisch. Die Maße a und c sind deshalb fast gleich über dem betrachteten Bereich der Umformgeschwindigkeit. Die längeren Seiten der Durchbrüche (Maße b und d) zeigen dahingegen ganz unterschiedliches Verhalten. Der Erweiterung des Matrizendurchbruchs für den kleineren Umformgrad, bezogen auf den Durchbruch in kaltem Zustand, steht die Verengung bei größerem Umformgrad gegenüber. Grund dafür ist, neben der größeren Umformwärme bei größerem Umformgrad, auch der geometrische Ort, an dem die Durchbruchskante liegt. Je näher die Kante im Zentrum der Struktur liegt, umso ausgeprägter ist der Effekt der Durchbruchverengung.

6.3.4.2 Profilform

Die Belastungen während des Preßvorgangs sind von der Profilform abhängig. Zusätzlich bewirken Unterschiede in der "Kompaktheit" der Querschnittsform ein profilabhängiges Verformungsverhalten. In Bild 51 wird das Verformungsverhalten zweier flächengleicher Profile dokumentiert.

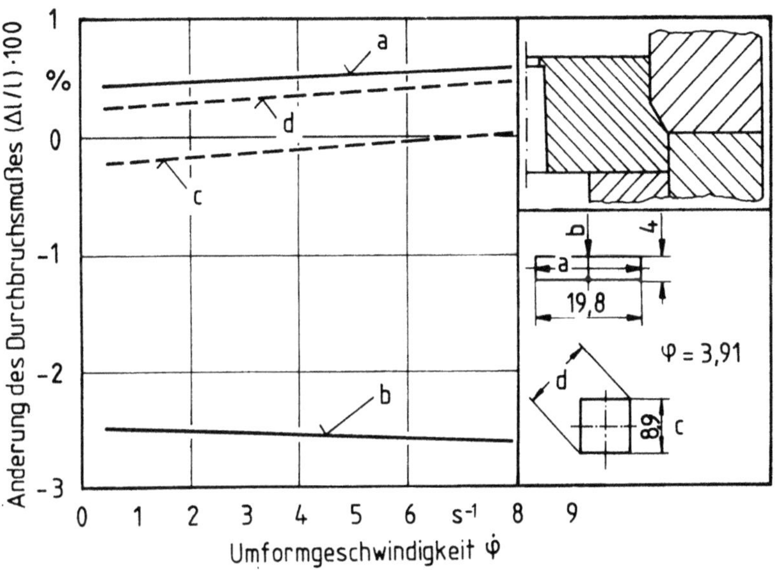

Bild 51: Einfluß der Profilform auf das Verformungsverhalten des Matrizendurcbruchs (Kegelabschluß).

Beim quadratischen Querschnitt unterliegen die Durchbruchskanten starker gegenseitiger Stützwirkung. Deshalb liegen die Verformungen bei Preßbelastung in sehr engen Grenzen. Anders verhält sich dagegen der rechteckige Matrizendurchbruch. Besonders im Maß b verengt sich der Durchbruch stark aufgrund thermischer Ausdehnung und axialem Matrizendruck. Durch die starke thermische Ausdehnung der längeren Durchbruchseiten wandern die kürzeren nach außen. Bei extremen Länge/Breite-Verhältnissen muß ein bedeutend ausgeprägteres Verhalten dieser Art erwartet werden.

Der H-förmige Durchbruch weist ein komplizierteres Verformungsverhalten auf (vergl. Bild 52).

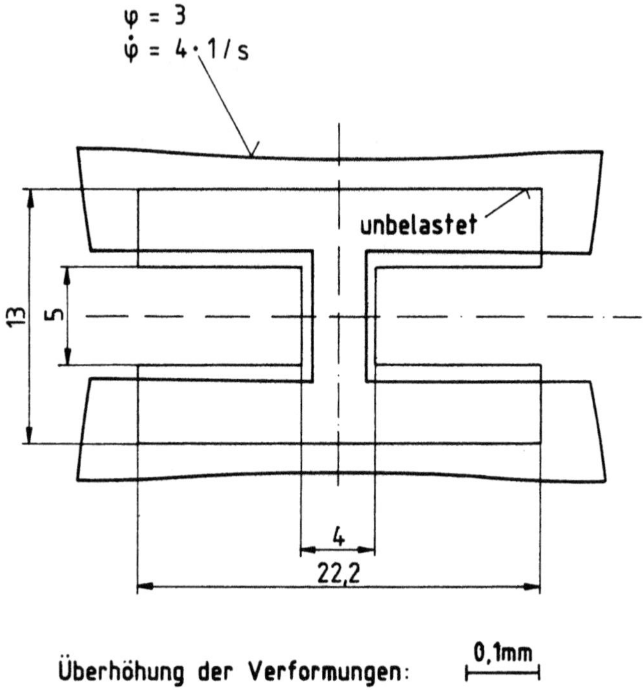

Bild 52: Prinzipielles Verformungsverhalten eines H-förmigen Matrizendurchbruchs bei mechanischer und thermischer Belastung.

Aufgrund der thermischen Ausdehnung wandern alle Profilkanten mit Ausnahme der des inneren Steges bei Belastung nach außen. An den Längsstegen läßt sich eine leichte Balligkeit feststellen. Die Werkzeugzungen dehnen sich wegen ihrer hohen thermischen Belastungen stark aus. In Bild 53 sind die Änderungen der Durchbruchsmaße für einen H-förmigen Durchbruch und den flächengleichen Rechteckdurchbruch dargestellt.

Beide Durchbruchsarten haben eine ähnliches Verformungsverhalten. Mit Ausnahme des Mittelstegs beim H - Profil liegen alle Maßänderungen in einem relativ engen Bereich. Der Bereich der

Werkzeugzunge wandert aufgrund seiner hohen Temperaturen nach innen.

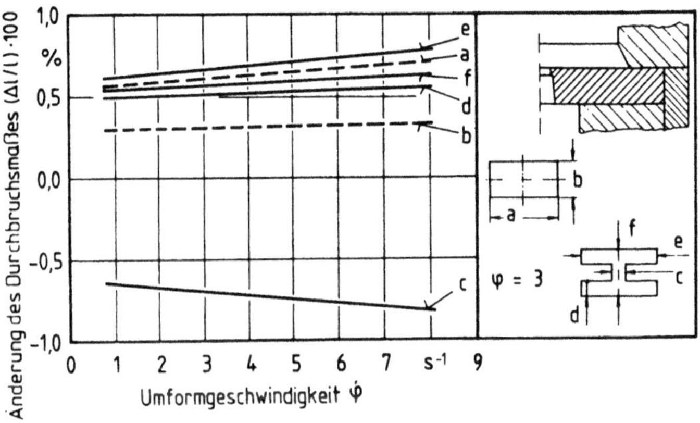

Bild 53: Einfluß der Profilform auf das Verformungsverhalten des Matrizendurchbruchs (Flachabschluß).

6.4 Zusammenhang von Werkzeugform und Geometrie des Strangpreßprodukts nach Erkalten

Die Geometrie der Matrizenöffnung während des Pressens bestimmt die Querschnittsform des Profils zu diesem Zeitpunkt. Einige Vorgänge können die Querschnittsschnittsgeometrie des Stranges zusätzlich beeinflussen:

- Bereits während des Preßvorgangs kann werkstofflußbedingt ein "Ablösen" des Stranges von der Führungsfläche erfolgen. Durch geeignete Werkzeuggestaltung (z.B. Vorkammern) kann dieser Effekt i.a. vermieden werden.
- Etwaige Gefügeänderungen (Rekristallisation) können sich in geringem Maß auf die Geometrie des Strangpreßprodukts auswirken. Diese Effekte sind werkstoffspezifisch und müssen im Einzelfall betrachtet werden. In diesem Rahmen werden sie nicht berücksichtigt.
- Geometrieänderungen durch Nachbehandlungen, vor allem ein nachfolgendes Recken, sollen in diesem Rahmen auch unberücksichtigt bleiben.
- Den dominierenden Einfluß auf die Stranggeometrie nach Verlassen der Matrizenöffnung übt die thermisch bedingte Schwindung aus. Der im heißen Zustand durch die Matrizenöffnung gepreßte Strang erfährt beim Erkalten eine temperaturabhängige Volumenschwindung, die sich auf seine Querschnittsgeometrie nachhaltig auswirkt.

Im folgenden wird neben der Matrizenverformung nur die Auswirkung des thermischen Schwindens auf den Strangquerschnitt betrachtet.

Für die Beurteilung der thermischen Schwindung sind Aussagen über Temperaturen im Werkstück im Augenblick des Auspressens nötig. Aus vorangegangenen Berechnungen können Aussagen über Temperaturen im Preßkanal des Werkzeugs getroffen werden, die unter bestimmter Voraussetzung auf den Strang übertragen werden können:

- Unter der Annahme, der Vorgang sei thermisch stationär, sind die Wärmequellen in der Umformzone dominierend für das Temperaturverhalten. Werden Reibungsvorgänge im Preßkanal nicht berücksichtigt, so liegt der Bereich der höchsten Temperatur in der Umformzone direkt vor dem Preßkanal. Damit haben Strang und Preßkanal annähernd gleiche Temperaturen.
- Wärme, die durch Reibung im Preßkanal entsteht, kann Werkzeug und Werkstück im Verhältnis der Wärmeeindringkoeffizienten zugerechnet werden (vergl. Kap. 4). Strang und Matrize erfahren dadurch eine Temperaturerhöhung. Aufgrund der kurzen Kontaktzeit zwischen Strang und Preßkanal kann von einer Randschichterwärmung des Stranges ausgegangen werden, die sich nicht bis in den Kern erstreckt/32/. Da diese Temperaturerhöhung auf dünne Werkstoffschichten beschränkt bleibt, hat sie auf den nachfolgenden Schwindungsvorgang vernachlässigbar kleine Auswirkungen.

Im folgenden werden Abschätzungen der Strangschwindungen unter extremen Annahmen der Strangtemperatur vorgenommen.

Um für die Strangtemperatur eine obere Schranke zu setzen, wird von der Maximaltemperatur im Preßkanal ausgegangen und angenommen, daß sich der Strang durch Reibungseinflüsse zusätzlich um 10K über dem ganzen Querschnitt erwärmt habe. Als untere Schranke wird die minimale Temperatur im Preßkanal angenommen. Zusammen mit den Verformungen der Matrizendurchbrüche liefern die aufgrund dieser Temperaturannahmen berechneten Schwindungen obere und untere Grenzen, innerhalb derer sich die realen Abmessungen des Werkstücks nach Erkalten befinden. Die beschriebenen Schranken stellen dabei Werte dar, die den Reibungsannahmen im Preßkanal entsprechend variiert werden können. In Bild 54 bis Bild 56 sind Strangabmessungen aufgrund oben beschriebener Annahmen für verschiedene Rechteckdurchbrüche und Abschlußarten dargestellt. Bild 54 zeigt Strangabmessungen für $\varphi = 3$ und einen Flachabschluß.

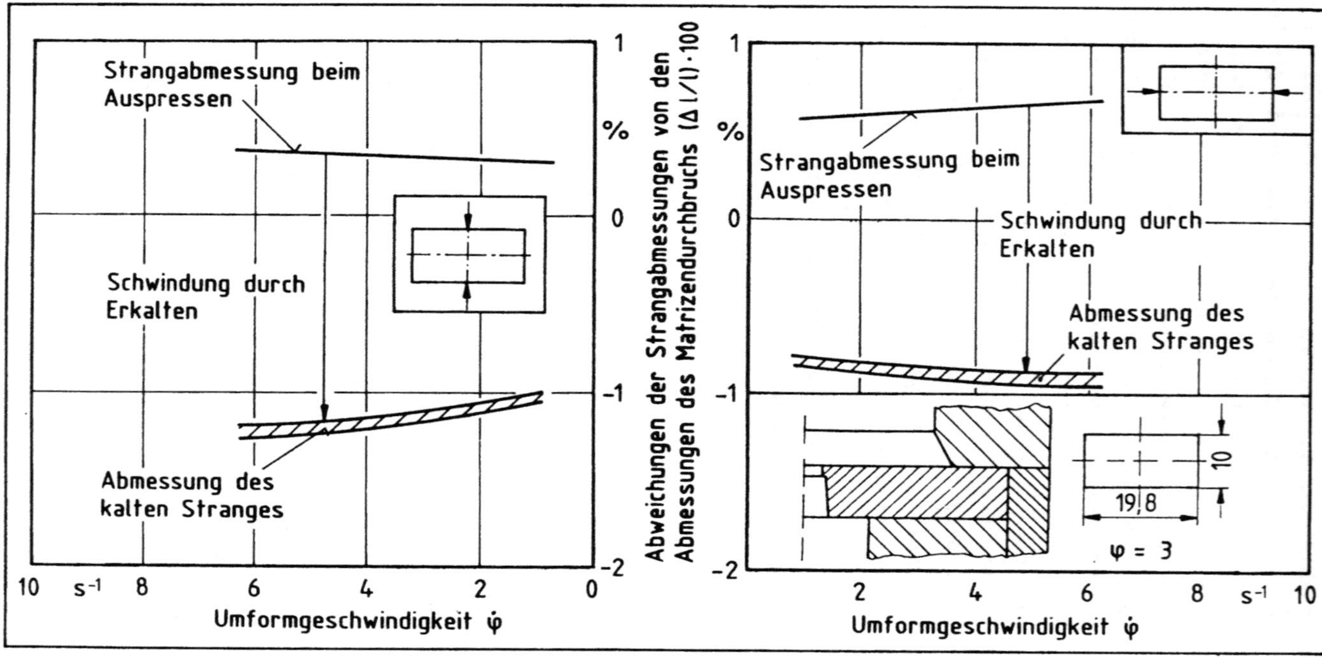

Bild 54: Matrizenverformung und Strangschwindung für ein Rechteckprofil und Flachabschluß, $\varphi = 3$.

Die Seiten des Matrizendurchbruchs haben in diesem Fall ähnliches Verformungsverhalten. Während der Pressung wird der Matrizendurchbruch in beiden Richtungen erweitert, wenn auch nur in geringem Maße. Die Schwindung des Stranges bei Erkalten kehrt diesen Effekt um. Die Abmessungen des Stranges im kalten Zustand liegen für beide betrachtete Maße unter denen des unverformten Matrizendurchbruchs . Dabei dominiert die Strangschwindung eindeutig über die Matrizenverformung. Bei den gewählten Grenzen für die maximale und minimale Strangtemperatur (max. Temperaturdifferenz 30K) liegen die erwarteten Abmessungen in engen Bereichen. Die leichte Krümmung der die Maße des kalten Stranges beschreibenden Kurven liegt am Temperatureinfluß auf die Schwindung. Bei steigender Umformgeschwindigkeit wird die Strangtemperatur höher, die Strangschwindung also größer. Allerdings hat der Verlauf der Temperaturerhöhung und damit der Strangschwindung eine waagerechte Asymptote, deren Lage von der Profilform und vom Umformgrad abhängt. Im dargestellten Beispiel halten sich die Abweichungen der Strangabmessungen in engen Grenzen. Dies liegt vor allem an den geringen Matrizenverformungen, die darüberhinaus zur Strangschwindung gegenläufig wirken.

Beim Übergang zu höheren Umformgraden und größeren Verhältnissen von Länge zu Breite des Rechtecks ändert sich dieses Verhalten. Bild 55 zeigt Abweichungen der Strangabmessungen für $\varphi = 3{,}91$ und einen Flachabschluß.

Hier wirkt sich das geänderte Verformungsverhalten des Matrizendurchbruchs auf der längeren Seite des Profils aus (Bild 55 links). Während des Preßvorgangs verengt sich der Matrizendurchbruch an dieser Stelle relativ stark. Schwindung und Matrizenverformung bewirken somit gleichermaßen eine Verkleinerung des Strangquerschnitts im Schnitt durch die Breitseite. Die Endabmessungen des Stranges liegen damit um bis zu 3% unter denen des Matrizendurchbruchs. Die elastische Verformung des Matrizendurchbruchs ist in diesem Fall betragsmäßig nur wenig kleiner als die Schwindung des Stranges.

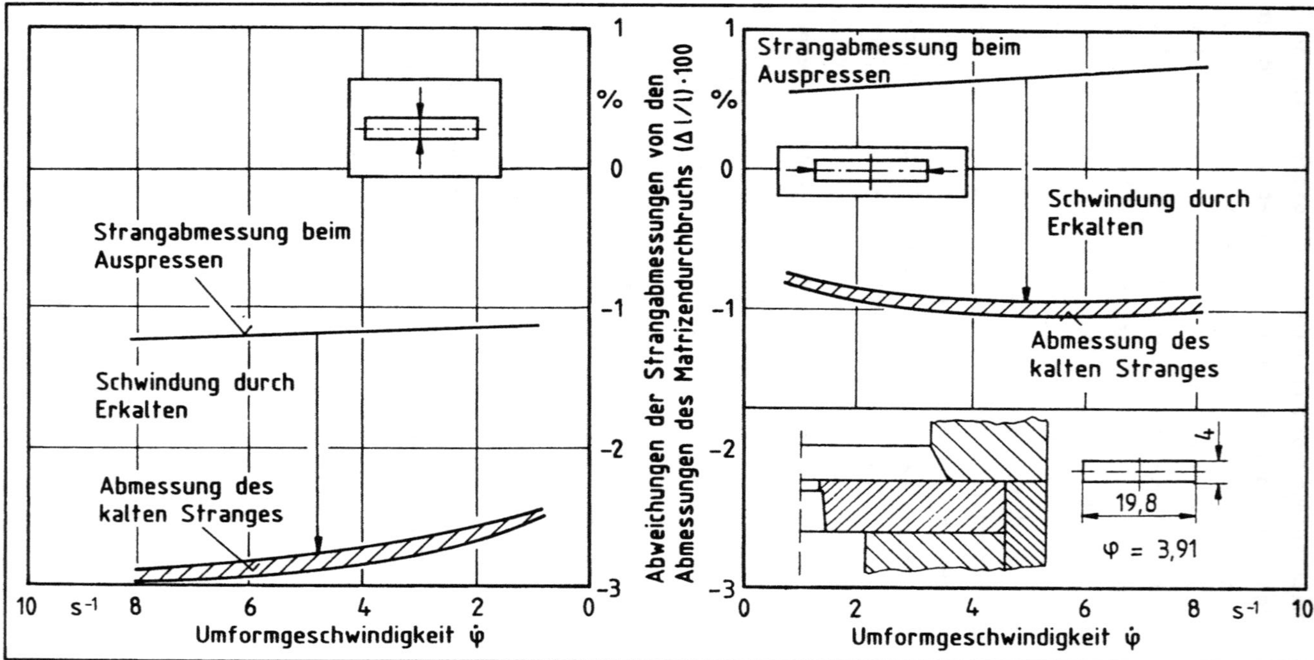

Bild 55: Matrizenverformung und Strangschwindung für ein Rechteckprofil und Flachabschluß, $\varphi = 3,91$.

Im Schnitt durch die Schmalseite des Profilquerschnitts (Bild 55 rechts) ist hingegen nahezu das gleiche Verhalten zu verzeichnen wie in Bild 54.

Wird bei gleicher Profilform und gleichem Umformgrad eine andere Abschlußform gewählt, bleiben die Strangtemperatur und damit Strangschwindung gleich. Nur das geänderte Verformungsverhalten des Matrizendurchbruchs bewirkt somit Änderungen der Strangabmessungen. Bild 56 zeigt dies für die gleiche Profilform wie in Bild 55 bei Einsatz eines Kegelabschlusses.

Im Schnitt durch die längeren Seiten des Profilquerschnitts ist der erhöhte Einfluß der Matrizenverformung zu erkennen (Bild 56 links). Während die Schwindung den gleichen Einfluß auf den Profilendquerschnitt hat wie im zuvor beschriebenen Fall, gewinnt bei Einsatz des Kegelabschlusses die Verformung des Matrizendurchbruchs immer mehr an Bedeutung. Im dargestellten Fall bewirkt die elastische Verformung des Matrizendurchbruchs größere Abweichungen der Strangabmessungen als die zu erwartende Schwindung. Beim Schnitt durch die Schmalseiten des Profils ergeben sich gegenüber den zuvor beschriebenen Fällen Veränderungen von untergeordneter Bedeutung.

Zusammenfassend lassen sich über den Zusammenhang von Matrizendurchbruchsform im Augenblick des Pressens und Strangquerschnittsform nach Erkalten folgende Feststellungen treffen:

- Die temperaturabhängende Schwindung des Stranges nach Verlassen der Matrizenöffnung hat erheblichen Einfluß auf die endgültige Strangquerschnittsform.
- Mit zunehmender "Schlankheit" des Profils, d.h. mit zunehmendem Verhältnis von Länge zu Breite erhält die elastische Verformung des Matrizendurchbruchs immer größeren Einfluß, der in der Größenordnung der thermischen Schwindung liegen kann und in dieselbe Richtung wirkt.
- Bei Verwendung eines Kegelabschlusses dominiert die Verformung des Matrizendurchbruchs gegenüber der thermischen Schwindung.

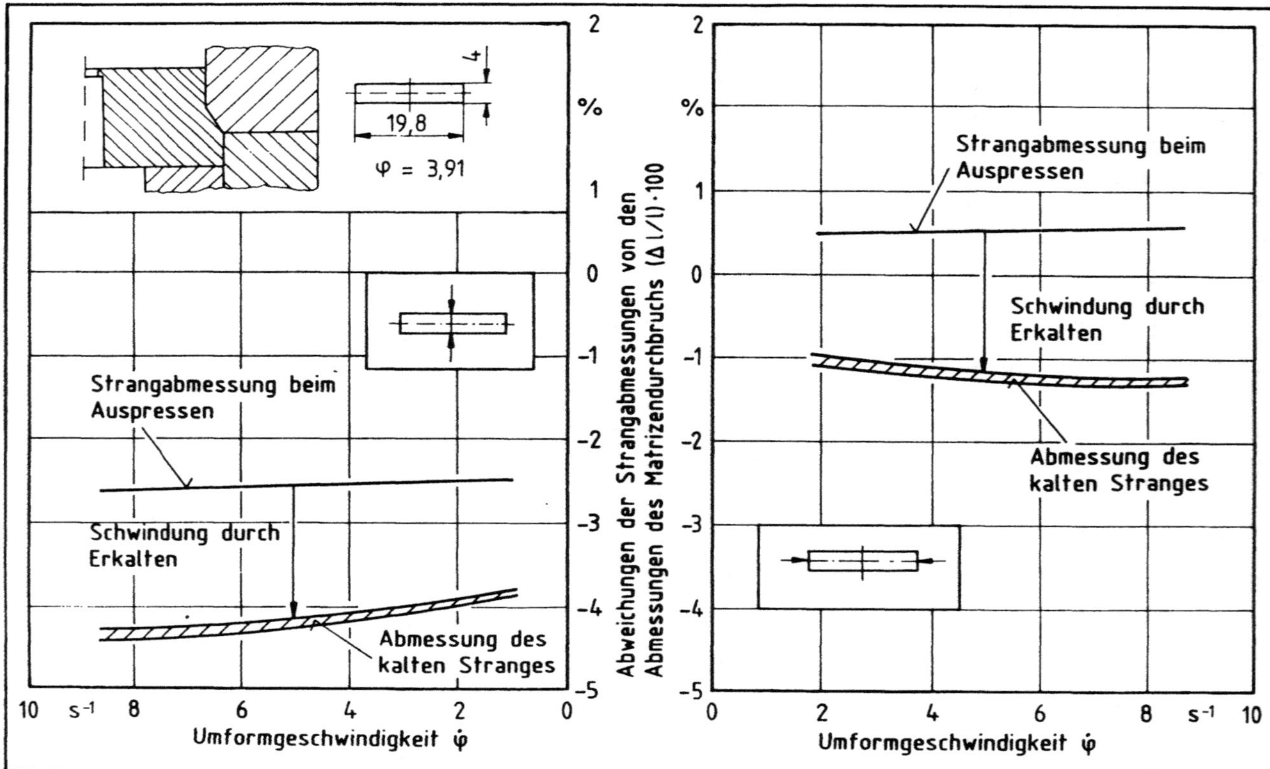

Bild 56: Matrizenverformung und Strangschwindung für ein Rechteckprofil und Kegelabschluß, $\varphi = 3,91$.

Die mit den beschriebenen Werkzeugsätzen erzielbaren Genauigkeiten der Endprodukte liegen in den meisten Fällen in den zulässigen Toleranzbereichen nach DIN 17615 /6/. Die Ursache dafür ist der sehr kompakte Aufbau des Werkzeugsatzes mit einer im Verhältnis zur Belastung extremen Matrizendicke. Dadurch sind die berechneten elastischen Verformungen deutlich kleiner als die, die bei Produktionspressen zu erwarten sind.

7 Experimentelle Überprüfung

Wegen des stark instationären Temperaturverhaltens der beschriebenen Strangpresse wurden für ausgesuchte Beispiele Berechnungen unter Zugrundelegung dieses speziellen Verhaltens durchgeführt. Unter Verwendung der gleichen Preßparameter wurden die Berechnungen dann experimentell überprüft. Aufgenommene Größen waren dabei die Temperatur im Preßkanal, die Stempelkraft und der Stempelweg in Abhängigkeit von der Zeit.

Auf die Geometrie des Matrizendurchbruchs während des Pressens kann nur indirekt über die Querschnittsform des kalten Strangpreßprodukts geschlossen werden. Deshalb wurden dem Strang Proben entnommen und deren Querschnitte vermessen.

7.1 Versuchsanordnung, Versuchsdurchführung

7.1.1 Versuchsanordnung

Die eingesetzte Versuchsstrangpresse verfügt über eine maximale Preßkraft von 3 MN und eine maximale Stempelgeschwindigkeit von 100 mm/s. Sie arbeitet horizontal und wird ölhydraulisch angetrieben. Die Maschinenfunktionen werden über eine speicherprogrammierbare Steuerung kontrolliert.

Als Werkstückwerkstoff wurde AlMgSiO,5 verwendet, die Werkstücke hatten eine Länge von 200 mm und einen Durchmesser von 69 mm. Bild 57 zeigt die Versuchsanordnung.

Die Kraftmessung erfolgte mit Hilfe eines Kraftmeßkörpers, über den der Stempel im Plunger abgestützt ist. Der Meßkörper ist mit Dehnungsmeßstreifen (DMS) versehen, die durch ihre Widerstandsänderung ein Maß für die Stempelkraft liefern.
Die Wegmessung wurde mit Hilfe eines Potentiometerweggebers durchgeführt.

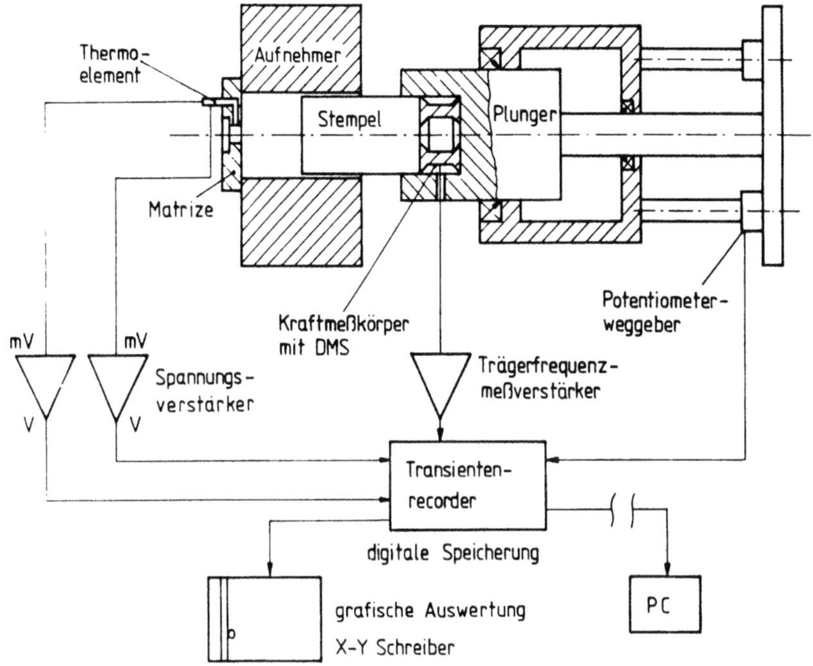

Bild 57: Versuchsanordnung.

Zur Temperaturmessung wurden mit Hilfe eines speziellen Verfahrens Thermoelemente in die Matrizeneinläufe eingebaut /73/.

Dabei wird ein Thermoelement in ein zylindrisches, vorgebohrtes Werkstoffelement eingesetzt. Zylinder und Thermoelement werden gemeinsam einem Verjüngungsvorgang unterzogen. In dem so präparierten Teil besteht eine innige Verbindung von Thermoelement und Werkstoff. Direkt in den Matrizeneinlauf wird eine Bohrung eingebracht, die genau die Abmessungen des präparierten Thermoelements besitzt. Nach Einbringen des Thermoelements werden Matrizenstirnfläche und Preßkanal überschliffen. Die Thermoelemente liegen nur wenige Zehntelmillimeter unter der Werkzeugoberfläche und gewährleisten somit eine sehr empfindliche Temperaturaufnahme.

Abhängig von der Profilform wurden ein oder zwei Thermoelemente in den Matrizendurchbruch appliziert. Alle Meßgrößen wurden durch einen Transienten-Recorder analog aufgenommen, in Digitalsignale gewandelt und abgespeichert. Zur grafischen Auswertung können die Meßgrößen mit Hilfe eines x - y-Schreibers ausgegeben werden. Auch die Weiterverarbeitung mit Hilfe eines PC ist möglich.

7.1.2 Versuchsdurchführung

Bei der Versuchsdurchführung wurde die Solltemperatur von Aufnehmer und Werkstück auf 450° C festgelegt. Um ein möglichst stationäres Anfangstemperaturfeld im gesamten Werkzeugsatz zu gewährleisten, wurde der matrizenseitige Werkzeugsatz geraume Zeit vor der Pressung gegen den Aufnehmer gefahren und dadurch aufgeheizt. Erst nachdem keine zeitliche Temperaturänderung mehr im Preßkanal zu verzeichnen war, wurde der Preßvorgang durchgeführt, der sich in folgende Abschnitte gliedert:

- Einbringen des Werkstücks in den Aufnehmer. Beim Transport vom Ofen zum Aufnehmer sinkt die Temperatur im Werkstück nach /11/ um ca. 10°C,
- Verspannen des matrizenseitigen Werkzeugsatzes gegen den Aufnehmer durch einen hinter den Werkzeughalter hydraulisch gefahrenen Keilschieber (vergl.Bild 17),
- Verpressen des Stranges,
- Entriegeln des Keilschiebers,
- Auspressen von Schale und Preßrest aus dem Aufnehmer (Putzen),
- Trennen von Strang, Matrize und Preßrest.

Die Versuche wurden für die in Kap.5 beschriebenen Werkzeugsätze mit Kegel- und Flachabschluß durchgeführt. Tabelle 5 zeigt die betrachteten Matrizendurchbrüche. Bei der Versuchsdurchführung wurde die Stempelgeschwindigkeit und damit die Umformgeschwindigkeit variiert.

	Kegelabschluß	Flachabschluß
$\varphi = 3{,}91$ $\frac{A_0}{A_1} = 50$	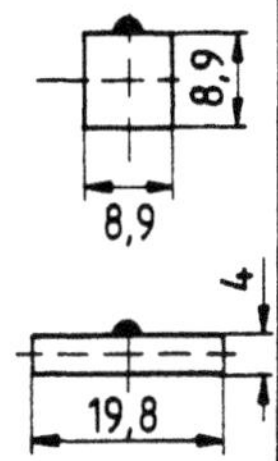	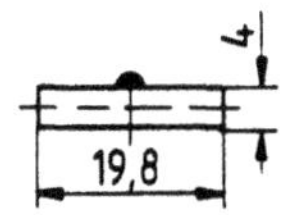
$\varphi = 3$ $\frac{A_0}{A_1} = 20$		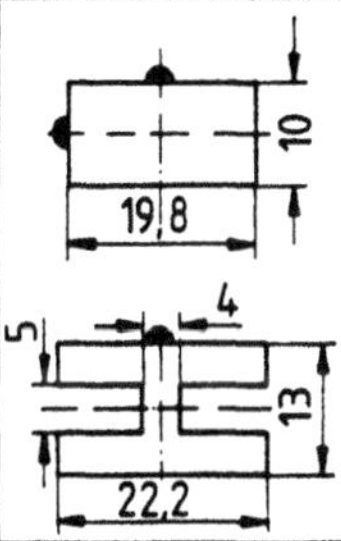

— Temperaturmeßstelle

Tabelle 5: Bei der Versuchsdurchführung eingesetzte Matrizendurchbrüche

Der Einsatz des Werkzeugsatzes mit Flachabschluß brachte Schwierigkeiten mit sich. Während des Preßvorgangs wird der matrizenseitige Werkzeugsatz gestaucht. In den so entstehenden Spalt zwischen dem feststehenden Aufnehmer und der Matrize kann während der Umformung Werkstoff einfließen (vergl. Bild 20). Dadurch ist die Wärmeleitung zwischen dem Aufnehmer und der Matrize in diesem Bereich stark behindert. Aus diesem Grund ergab sich für die Werkzeugsätze mit Kegel- und Flachabschluß ein unterschiedliches Temperaturverhalten während des Preßvorgangs.

7.2 Versuchsergebnisse

7.2.1 Grundsätzlicher Verlauf der Meßgrößen

In Bild 58 ist der Verlauf der Meßgrößen prinzipiell dargestellt.

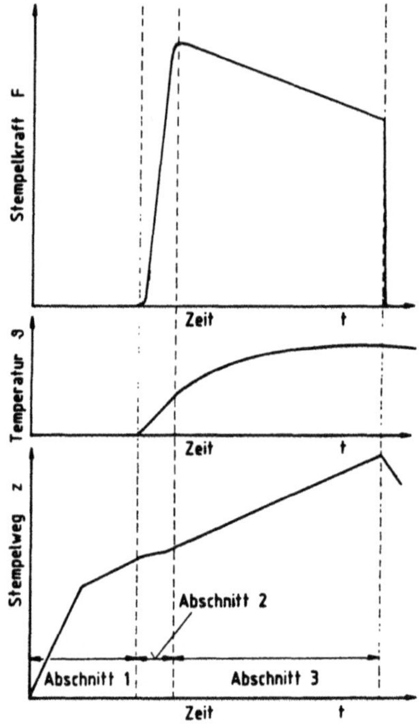

Bild 58: Prinzipieller Verlauf der Meßgrößen.

Der Preßvorgang kann in 3 Abschnitte eingeteilt werden:

Abschnitt 1 - Anfahrvorgang

Nach Einbringen des Werkstücks und Schließen des Keilschiebers fährt der Stempel mit Maximalgeschwindigkeit vor, bis der Umschaltpunkt für das Pressen erreicht ist (erkennbar am Knick im Stempelwegverlauf). Ab hier hat der Stempel die eigentliche Preßgeschwindigkeit. Preßkraft und Temperatur zeigen in diesem Abschnitt noch keinen Ausschlag, da das Werkstück noch keinen Kontakt mit der Matrize hat.

Abschnitt 2 - Anstauchen

Der Beginn des zweiten Abschnitts ist durch den Kontakt zwischen Werkstück und Matrize gekennzeichnet. Sobald dieser Kontakt besteht, kommt es zu einer Temperaturerhöhung im Preßkanal. Sie beruht ausschließlich darauf, daß vom heißen Werkstück Wärme auf die nicht so stark erwärmte Matrize übergeht. Der Block wird jetzt gestaucht, bis er ganz an der Aufnehmerwand anliegt. Dadurch steigt die Preßkraft stark an, begleitet von einer leichten Verminderung der Stempelgeschwindigkeit gegenüber der Sollvorgabe.

Abschnitt 3 - Auspreßvorgang

Mit dem Beginn des Auspreßvorgangs erreicht die Stempelkraft ihr Maximum. Von diesem Zeitpunkt an sinkt sie, da mit kürzer werdender Blocklänge die Reibkraft am Aufnehmer abnimmt. Im Preßkanal kommt es zu einer weiteren Temperaturerhöhung, die auf zwei sich überlagernden Effekten beruht:

- Die Temperatur im Preßkanal ist immer noch kleiner als die Einsatztemperatur des Rohteils. Deshalb kommt es zu einer Wärmeleitung vom Werkstück auf die Matrize. Dieser Effekt ist gänzlich unabhängig vom Umformvorgang.
- Durch den Umformvorgang entsteht Wärme in der Umformzone, die zu einem Temperaturanstieg im Werkstück über die Einsatztemperatur hinaus führt. Diese zusätzliche Temperaturerhöhung verstärkt den Wärmefluß in die Werkzeuge.

Am Ende des 3. Abschnitts wird der Preßvorgang beendet, der Stempel fährt zurück. Dadurch fällt die Preßkraft sofort ab. Die Temperatur sinkt langsam.

7.2.2 **Temperaturverlauf im Preßkanal**

Bild 59 zeigt den Temperaturverlauf im Matrizeneinlauf für zwei verschiedene Stempelgeschwindigkeiten und einen Werkzeugsatz mit Flachabschluß, aufgetragen über dem Stempelweg. Der dargestellte Ausschnitt entspricht den Abschnitten 2 und 3 in Bild 58.

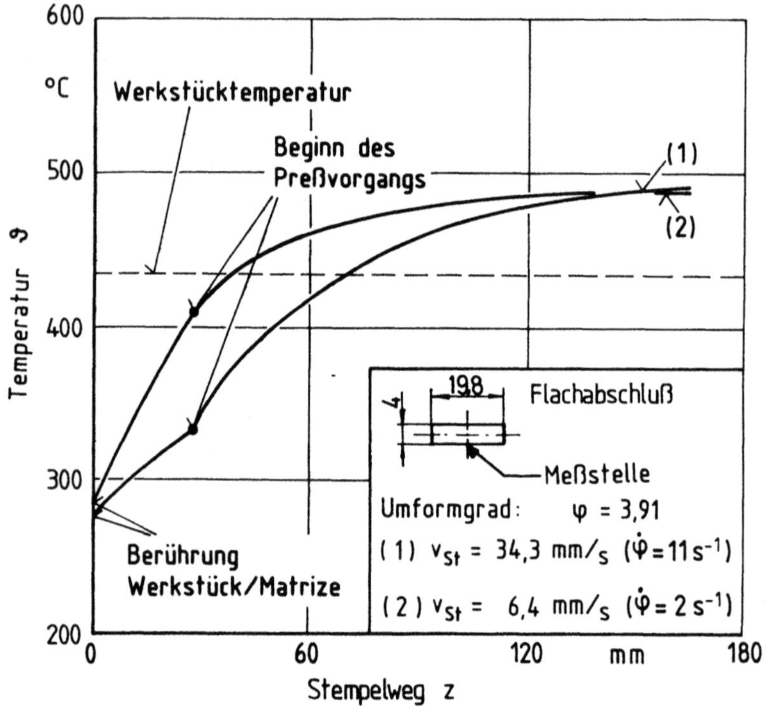

Bild 59: Temperaturen im Preßkanal bei unterschiedlicher Stempelgeschwindigkeit.

Trotz des großen Unterschieds der Preßgeschwindigkeiten liegen die Temperaturen am Ende des Preßvorgangs auf gleichem Niveau. Allerdings ist anzumerken, daß die Endtemperaturen in unterschiedlichen Zeiten erreicht werden. Im Falle der hohen Umformgeschwindigkeit erreicht der Matrizendurchbruch die

Endtemperatur von 498°C in ca. 6 s, im Falle niedriger Umformgeschindigkeit 490°C in ca. 28 s. Grund dafür ist, daß bei unterschiedlichen Umformgeschwindigkeiten die Wärmemenge bezogen auf den Vorgang nahezu gleich ist, jedoch der Wärmefluß - also die Wärmemenge pro Zeiteinheit - umso höher ist, je höher die Umformgeschwindigkeit ist.

Ein relativ langer Abschnitt des Preßvorgangs wird benötigt, bis die Temperatur des Preßkanals die Einsatztemperatur des Werkstücks erreicht hat. Innerhalb dieses Abschnitts hängt der Verlauf der Temperatur im Preßkanal sowohl von der Wärmeleitung aufgrund der hohen Einsatztemperatur des Werkstücks als auch von der Wärmeproduktion ab. Nach Überschreiten der Einsatztemperatur des Werkstücks ist jede weitere Temperaturerhöhung eindeutig dem Umformvorgang zuzuordnen. Bei den gegebenen Verhältnissen bedeutet das, daß während 40% des Preßvorgangs Wärmeausgleichsvorgänge dominieren können, die von der Umformung gänzlich unabhängig sind. Bei niedriger Umformgeschwindigkeit erreicht der Preßkanal bis zum Beginn des Auspreßvorgangs bereits eine Temperatur von über 400° C, die nur auf Temperaturausgleich zwischen heißem Werkstück und kälterer Matrize beruht. Bei höherer Umformgeschwindigkeit liegt dieser Wert aufgrund der kürzeren Kontaktzeit erheblich niedriger. In diesem Fall äußert sich das Einsetzen der Wärmeproduktion mit dem Beginn des eigentlichen Preßvorgangs in einem Knick des Temperaturverlaufs.

In Bild 60 ist der Einfluß des Umformgrads auf den Temperaturverlauf im Matrizendurchbruch dargestellt.

Mit höherem Umformgrad entsteht während des Preßvorgangs mehr Umformwärme. Deshalb erfährt der Matrizendurchbruch auch stärkere Temperaturerhöhungen. Während 30% des Vorgangs weist der Preßkanal Temperaturen auf, die unter der Einsatztemperatur des Werkstücks liegen. Der Vorgang ist somit thermisch als stark instationär anzusehen.

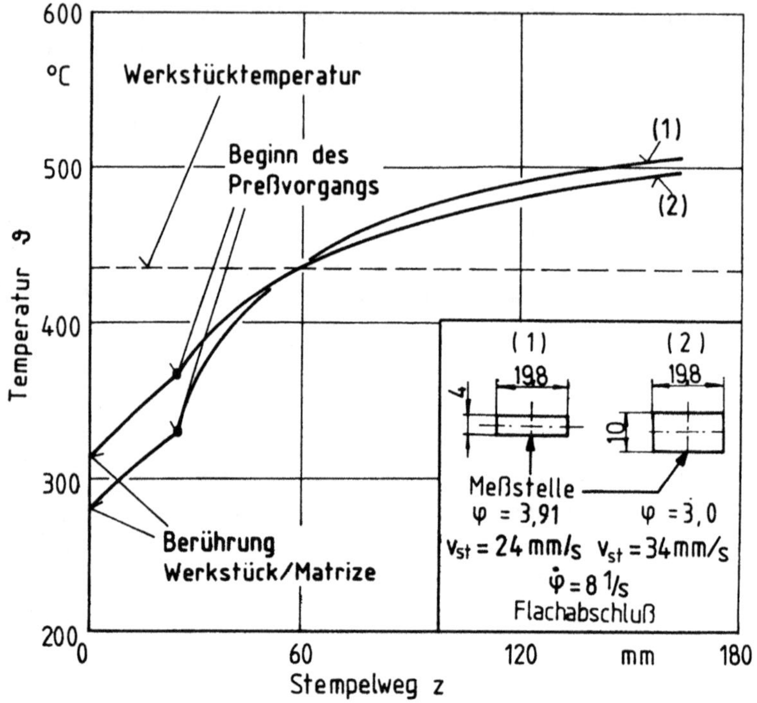

Bild 60: Temperaturen im Preßkanal bei unterschiedlichen Umformgraden.

Bild 61 zeigt den Einfluß der Abschlußart auf das Temperaturverhalten im Preßkanal.

Bei Verwendung des Flachabschlusses war der Wärmeübergang an der Kontaktfläche zwischen Matrize und Aufnehmer stark behindert. Deshalb liegt die Anfangstemperatur des Preßkanals bei Verwendung des Flachabschlusses bedeutend unter der, die sich bei Verwendung des Kegelabschlusses einstellt. Bei gleichem Umformgrad und gleicher Umformgeschwindigkeit reduziert sich dieser Temperaturunterschied mit fortschreitender Vorgangsdauer allerdings beträchtlich, da beim Flachabschluß schon vor Entstehen der Umformwärme der Wärmefluß vom Werkstück in die kältere Matrize bedeutend stärker ist. In weiter vom Preßkanal entfernten Bereichen des matrizenseitigen Werkzeugsatzes bleibt das niedrigere Temperaturniveau während des Preßvorgangs erhalten.

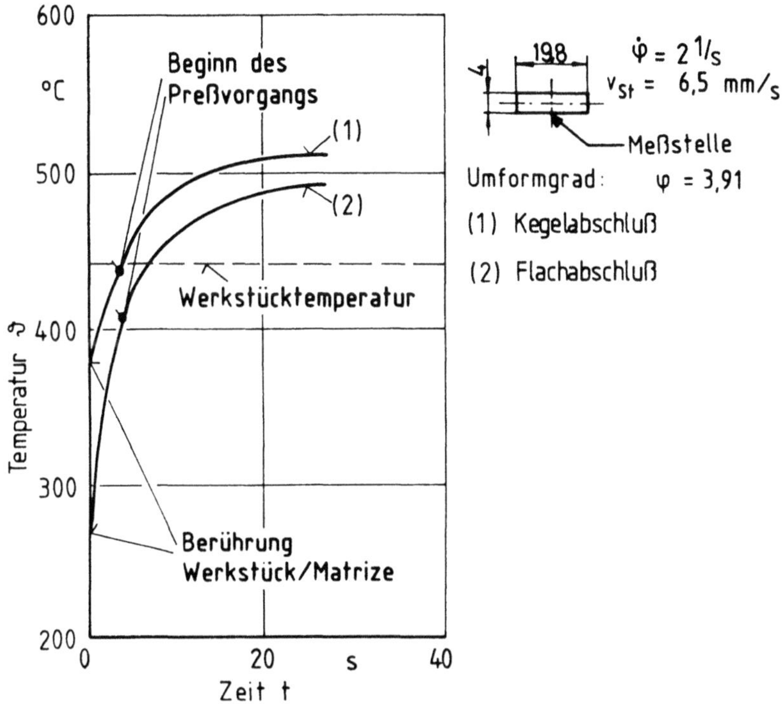

Bild 61: Temperaturen im Preßkanal bei unterschiedlichen Abschlußarten.

7.2.3 Vergleich experimenteller und theoretischer Ergebnisse

7.2.3.1 Temperaturen

Ein Vergleich von experimentell und theoretisch gewonnenen Temperaturwerten konnte aufgrund des Meßaufbaus nur für den Preßkanal erfolgen. Zusätzlich wurden an zugänglichen Stellen des Werkzeugsatzes mit Hilfe eines Sekundenthermometers punktuell Temperaturmessungen durchgeführt. Sie bestätigten die theoretisch bereits ermittelte Unempfindlichkeit der vom Preßkanal entfernt liegenden Werkzeugbereiche gegenüber dem einzelnen Preßvorgang. In Bild 62 sind gemessene und berechnete Temperaturwerte für den Einlauf eines rechteckigen Matrizendurchbruchs und einen Flachabschluß dargestellt. Bei der gewählten Umformgeschwindigkeit dauert der Preßvorgang ca.8 s. Zum Zeitpunkt t=0 s berührt das Werkstück die Matrize.

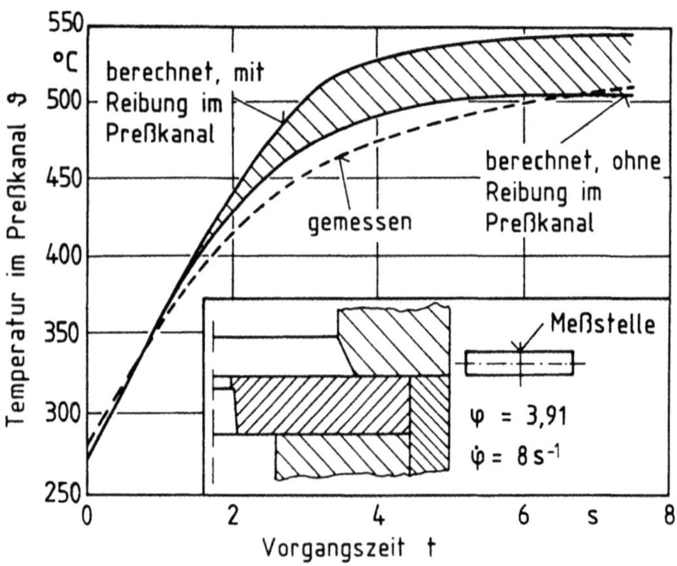

Bild 62: Vergleich der Temperaturen im Preßkanal. Flachabschluß, Rechteckdurchbruch, φ =3,91.

Vom gleichen Niveau ausgehend ist der berechnete Temperaturanstieg zu Beginn des Vorgangs steiler als der gemessene, flacht jedoch zum Ende des Vorgangs auch stärker ab. So erreicht der experimentell ermittelte Temperaturverlauf den theoretisch berechneten Bereich erst zum Ende des Vorgangs. Die Abweichungen von theoretischen und experimentellen Werten im Verlauf des Preßvorgangs zeigen die Problematik der Modellbildung für diesen speziellen Fall. Der thermisch instationäre Anfahrvorgang des einzelnen Preßvorgangs ist schwer zu quantifizieren. Der zu starke Temperaturanstieg am Vorgangsbeginn beruht auf der Annahme unendlich großen Wärmeübergangs zwischen Werkstück und Matrize. Das verwendete Programmsystem erlaubt innerhalb der Struktur nur die Annahme von unendlichem Wärmeübergang oder von Isolation. Der Vorgang der reinen Wärmeableitung vom heiß eingebrachten Werkstück auf die kältere Matrize kann außerdem theoretisch nicht genau erfasst werden, da genaue Aussagen über den Wärmeübergangskoeffizienten dieser Werkstoffpaarung nicht zur Verfügung stehen. Mit zunehmender Vorgangsdauer rückt dieser Umstand in den Hintergrund. Da jedoch die Zeit des einzelnen Vorgangs bei der betrachteten Versuchspresse kurz ist, hat der instationäre Anfahrvorgang über weite Bereiche des Preßvorgangs Einfluß.

In Bild 63 zeigt sich ein ähnliches Verhalten. Dargestellt sind hier experimentell und theoretisch ermittelte Temperaturen an zwei verschiedenen Stellen eines rechteckigen Matrizendurchbruchs.

An beiden Meßstellen ist ein zu starker Anstieg der theoretisch bestimmten Temperaturen festzustellen. Mit zunehmender Vorgangsdauer kommt der Verlauf der experimentell ermittelten Temperatur in den Bereich der mit und ohne Reibung berechneten. Zusätzlich erschwerend kommt bei Verwendung des Flachabschlusses hinzu, daß bei der Modellbildung das beobachtete Einfließen von Werkstoff zwischen Aufnehmer und Matrize nur schwer berücksichtigt werden kann. Dies kann nur dadurch geschehen, daß an den entsprechenden Stellen der Topologie der Elementverbund des FE - Netzes aufgehoben wird. So wurde die

Kopplung von Matrize und Aufnehmer im Modell sukzessive gelokkert, bis berechnete und gemessene Anfangstemperaturen übereinstimmten. Eventuelle Änderungen im Spalt zwischen Matrize und Aufnehmer, die während des Vorgangs auftreten, können nicht berücksichtigt werden. Insgesamt weist der matrizenseitige Werkzeugsatz durch den Spalt zwischen Aufnehmer und Matrize ein deutlich niedrigeres Anfangs - Temperaturniveau auf, als bei Verwendung des Kegelabschlusses (vergl. Bild 61). Mit zunehmender Vorgangsdauer dominiert jedoch der Einfluß der Umformwärme hinsichtlich des Temperaturverlaufs im Preßkanal eindeutig. Dagegen erfahren die Außenbereiche des Werkzeugsatzes während eines Preßvorgangs nur geringe Temperaturänderungen.

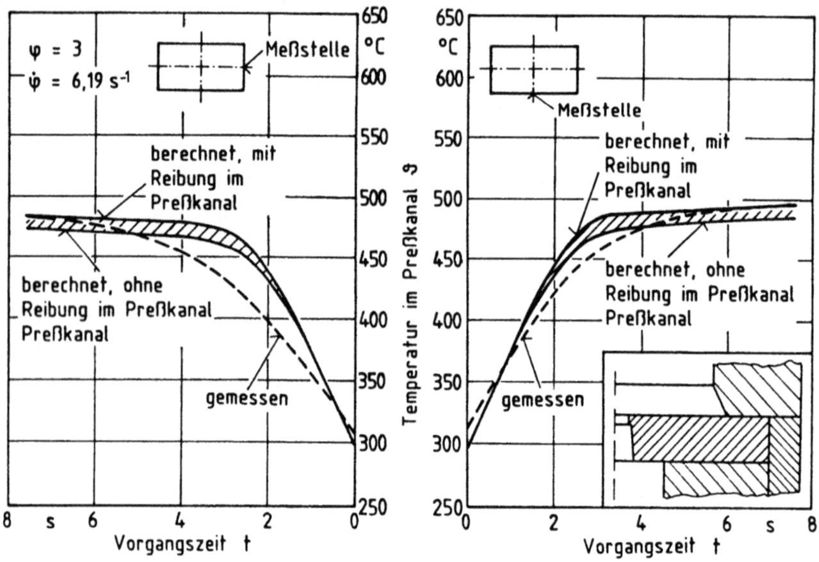

Bild 63: Vergleich der Temperaturen im Preßkanal.
Flachabschluß, Rechteckdurchbruch, $\varphi = 3$.

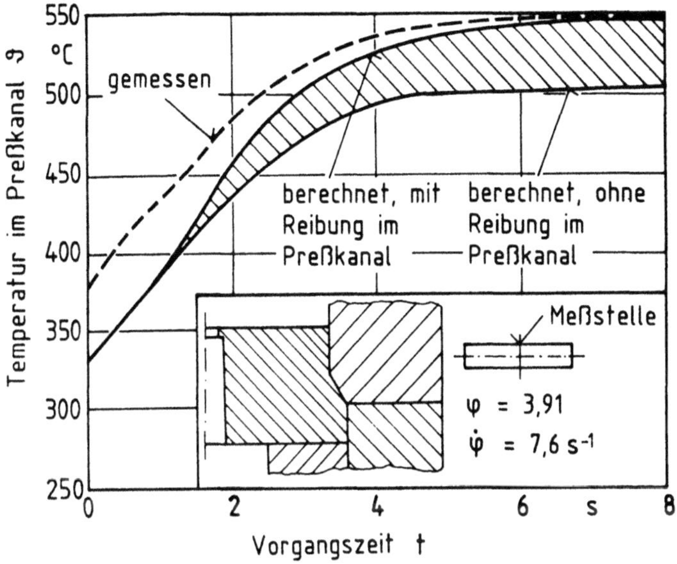

Bild 64: Vergleich der Temperaturen im Preßkanal.
Kegelabschluß, Rechteckdurchbruch, φ =3,91.

Bild 64 zeigt experimentell und theoretisch ermittelte Temperaturverläufe für einen Kegelabschluß im Vergleich. Die Temperaturwerte bei Preßbeginn liegen für diese Abschlußart deutlich über den Werten bei Verwendung des Flachabschlusses. Dies legt an der Kopplung von Matrize, Matrizenhalter und Aufnehmer, die beim Kegelabschluß über die gesamte Berührfläche der Werkzeugteile gewährleistet ist. Der Unterschied zwischen experimentellen und theoretischen Werten zu Beginn des Vorgangs beruht auf der Modellbildung, speziell den Wärmeübergangsrandbedingungen für die Matrizenstirnfläche. Für die Preßbereitschaft wurde die Matrizenstirnfläche als isoliert angenommen. Ein Wärmeaustausch mit dem Aufnehmerinnenraum findet nicht statt. Sobald Kontakt zum Werkstück besteht, verringert sich diese Temperaturdifferenz. Am Vorgangsende liegt die gemessene Temperatur im Bereich der berechneten.

Zusammenfassend lassen sich zum Vergleich von experimentell und theoretisch bestimmten Temperaturverläufen folgende Feststellungen treffen:

- Das ausgeprägt instationäre Temperaturverhalten der untersuchten Strangpresse kann mit den vorgestellten Rechenmodellen prinzipiell erfaßt werden. Gewisse Probleme bereiten allerdings die Anfahrvorgänge während des Pressens. Die berechneten Temperatursteigerungen im Bereich des Anfahrvorgangs sind zu groß, da mit unendlich großem Wärmeübergang zwischen Werkstück und Werkzeug gerechnet werden mußte.
- Bei längerer Vorgangsdauer läßt sich das Temperaturverhalten hinreichend genau bestimmen, da der Anfahrvorgang keine Auswirkungen mehr hat.
- Bei Pressen mit stationärem Temperaturverhalten entfällt die sehr aufwendige instationäre Betrachtungsweise.

7.2.3.2 Abmessungen des Strangpreßprodukts

Die Bestimmung von Matrizenverformungen während des Preßvorgangs ist nur indirekt über die Geometrie des erkalteten Strangpreßprodukts möglich. Deshalb wurden Querschnittsproben aus den vorgepreßten Strängen entnommen, geschliffen und vermessen. Ausgehend von den Ergebnissen der FEM - Berechnungen wurden mit Hilfe von Annahmen über Temperaturen im Strang Strangabmessungen theoretisch bestimmt. (vergl. Kap.6). Im folgenden werden experimentelle und theoretische Ergebnisse miteinander verglichen.

Bei der Bewertung der experimentellen Ergebnisse müssen unterschiedliche Fehlerquellen der Auswertung berücksichtigt werden:

- Der ausgepreßte Strang wird auf der Auslaufbahn nicht geführt. Eine daraus resultierende "Welligkeit" kann dazu führen, daß die Probenentnahme nicht senkrecht zur Strangachse erfolgt.

- Die entnommenen Querschnittsproben werden in Kunststoff eingebettet. Während dieses Vorgangs können Positionierungenauigkeiten ebenfalls eine Abweichung des Querschnitts aus der zur Probenachse senkrechten Ebene bewirken.
- Beim Schleifen der Proben bildet sich ein ausgeprägter Grat, der auf der Neigung des Werkstoffs zum "Verschmieren" beruht. Wird dieser Grat beim Ausmessen nicht berücksichtigt, wirkt er auf das Ergebnis direkt verfälschend.

Bild 65 zeigt experimentell und theoretisch bestimmte Abmessungen eines rechteckigen Stranges.

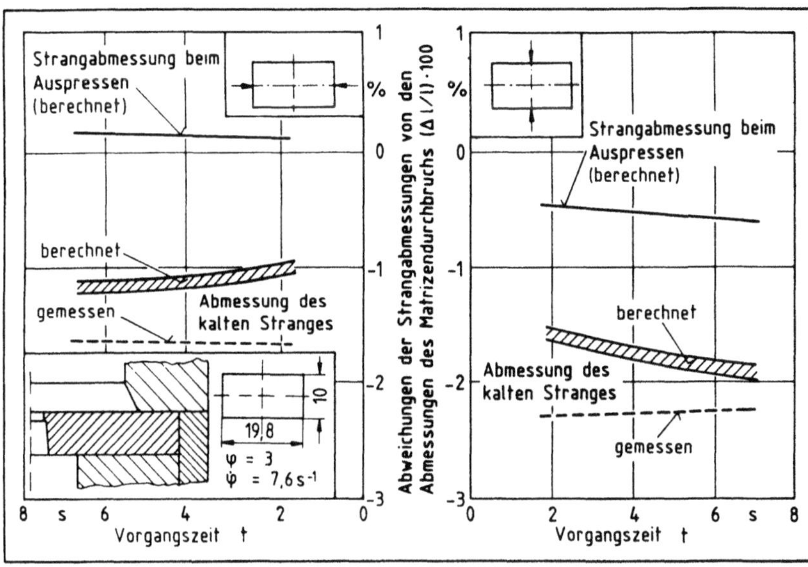

Bild 65: Vergleich der Strangquerschnittsgeometrien. Flachabschluß, Rechteckdurchbruch, $\varphi=3$.

Für beide betrachtete Maße liegt die experimentell ermittelte Abweichung der Strangabmessungen nicht im theoretisch bestimmten Bereich. Zu Beginn des Vorgangs sind die Unterschiede am größten. Hier wirkt sich offensichtlich die zu niedrig angenommene Temperatur im ersten Teil des Vorgangs aus (vergl.

Bild 63). Mit zunehmender Vorgangsdauer werden die Unterschiede zwischen experimentell und theoretisch bestimmten Werten kleiner. Dies zeigt, daß die Temperaturannahmen der Berechnungen am Vorgangsende den experimentellen Bedingungen besser entsprechen. Die Differenz zwischen den theoretisch und experimentell ermittelten Werten ist auf das zuvor beschriebene Einfließen von Werkstoff zwischen Aufnehmer und Matrize zurückzuführen. Das Berechnungsmodell kann derartige Vorgänge nicht genügend genau erfassen. In der Praxis ist das allerdings nicht von Bedeutung, da dort ein Abheben der Matrize vom Aufnehmer durch konstruktive Maßnahmen verhindert wird.

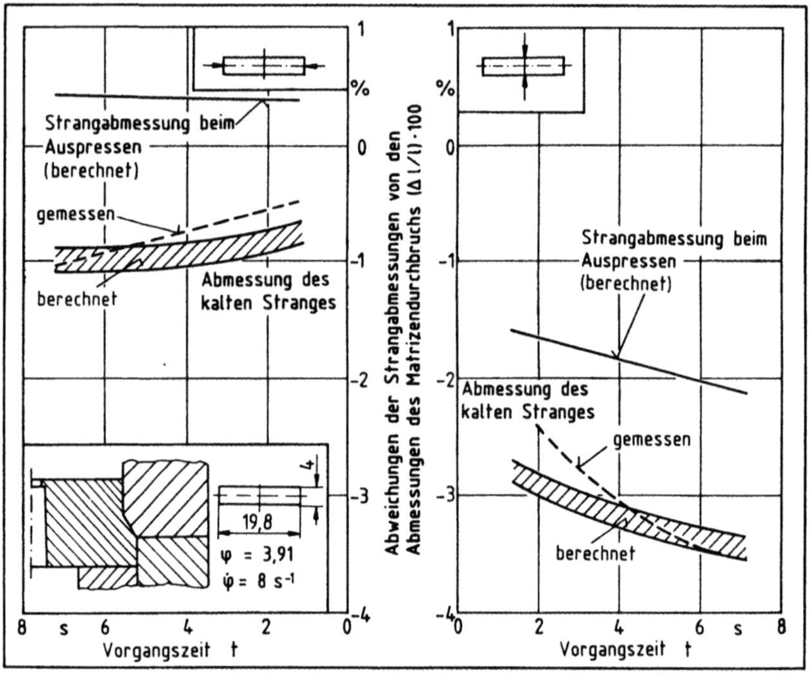

Bild 66: Vergleich der Stranggeometrien.
Kegelabschluß, Rechteckdurchbruch, $\varphi = 3{,}91$.

Bei Verwendung des Kegelabschlußes stellt sich diese Problematik nicht. Bild 66 zeigt experimentell und theoretisch bestimmte Abweichungen der Strangabmessungen (vergl. hierzu Bild 64).

Die bei Beginn des Vorgangs auftretenden Unterschiede zwischen berechneten und gemessenen Werten sind auf die Temperaturdifferenzen in diesem Teil des Preßvorgangs zurückzuführen. Mit zunehmender Vorgangsdauer entsprechen sich die experimentell und theoretisch bestimmten Werte. Positiv wirkt sich hier aus, daß an Berührflächen der Werkzeugteile Bedingungen herrschen, die durch das Rechenmodell hinreichend genau beschrieben werden können (definierter Kontakt).
Abschließend werden die wesentlichen Punkte bei der Simulation von Werkzeugverformungen für die beschriebene Versuchsstrangpresse zusammengefaßt:

Von großer Bedeutung für das Verformungsverhalten des Werkzeugsatzes ist das Temperaturverhalten der Strangpresse. Bei den gegebenen Größenverhältnissen der Maschine und der Verwendung im Versuchsbetrieb hat der Werkzeugsatz ein ausgeprägt instationäres Temperaturverhalten. Dadurch erhalten die nicht vom eigentlichen Preßvorgang abhängenden Randbedingungen, wie Anfangstemperaturfelder oder die Einsatztemperatur des Werkstücks, großen Einfluß gegenüber den Beanspruchungen durch den Umformvorgang. Je kürzer die Vorgangszeit ist, um so größer ist der Teil des Vorgangs, in dem diese Effekte dominieren. Aufgrund ungenauer Kenntnisse über Kenngrößen, wie z.B. Wärmeübergangskoeffizienten, können solche Anfahrvorgänge bei der gewählten Modellierung nur schlecht erfaßt werden. Mit wachsender Vorgangsdauer, wenn die Anfahrvorgänge an Bedeutung verlieren, können Werkzeugverformungen mit hinreichender Genauigkeit berechnet werden, vorausgesetzt es werden definierte Kontaktbedingungen zwischen den einzelnen Werkzeugteilen eingehalten. Werden Strangpressen unter Produktionsbedingungen betrachtet, kann von stationärem Temperaturverhalten ausgegangen werden. Unter dieser Voraussetzung entfällt die Notwendigkeit der instationären Temperaturbetrachtung, die Vorgänge in der Umformzone sind ausschlaggebend für das Temperatur- und Verformungsverhalten des Werkzeugsatzes.

Der Aufbau des Werkzeugsatzes, besonders die Art den Schließdruck aufzubringen, hat zusätzlichen Einfluß auf die Verformung des Matrizendurchbruchs (vergl. Bild 17). Da der Aufnehmer feststeht, ist zur Erzielung eines definierten Kontaktes zwischen dem matrizenseitigen Werkzeugsatz und dem Aufnehmer ein Kegelabschluß notwendig. Bei dieser Abschlußart unterliegt die Matrize einer starken radialen Stützwirkung durch den Aufnehmer. Der Matrizendurchbruch reagiert auf eine Änderung der Randbedingungen empfindlicher als bei Verwendung eines Flachabschlusses. Dem Einsatz des Flachabschlusses steht aber bei der beschriebenen Art, den Schließdruck aufzubringen (feststehender Aufnehmer, Keilschieber), das Verformungsverhalten des matrizenseitigen Werkzeugsatzes entgegen. Während der Umformvorgangs wird er axial gestaucht. Dadurch entstehen nicht klar definierbare Kontaktbedingungen zwischen Aufnehmer und Matrize. Bei der theoretischen Betrachtung von Produktionspressen entfällt diese Problematik, da hier in der Regel mit Flachabschluß und einem verschiebbaren Aufnehmer gearbeitet wird, der eventuelle Dickenänderungen des matrizenseitigen Werkzeugsatzes ausgleicht.

8 Anwendung in der industriellen Praxis

Die Anwendung der vorgestellten Berechnungsmethode in der industriellen Praxis hängt davon ab, ob unter wirtschaftlichen Gesichtspunkten eine Verbesserung der Produktqualität oder eine Steigerung der Produktivität erzielt werden kann. Ausschlaggebende Faktoren sind dafür der Zeitaufwand des Konstrukteurs, die Antwortzeit des Rechner-Systems und die Genauigkeit der Ergebnisse.

Für den effektiven Einsatz der Simulation von Werkzeugverformungen ist eine sinnvolle Einbettung in den betrieblichen Ablauf unabdingbar. Dafür sollten sowohl die Profilkonstruktion, als auch die Werkzeugkonstruktion rechnerunterstützt erfolgen. Damit stehen geometrische und technologische Daten in einer Form zur Verfügung, die zur Weiterverarbeitung in einem Berechnungsprogramm notwendig ist. Die Ergebnisse der Simulationsrechnung können dann zur Matrizenkonstruktion sofort mitverwendet werden.

Ein zweiter Punkt ist die zur Verfügung stehende Rechnerkapazität und die Effizienz der zur Verfügung stehenden Hilfsmittel. Sie entscheiden über den Aufwand zur Erstellung der Rechenmodelle und die Antwortzeiten des Rechensystems. Die Erstellung der Rechenmodelle und damit der Zeitaufwand des Konstrukteurs ist hierbei der entscheidende Faktor. Der Einsatz eines geeigneten Pre- und Post-Prozessorsystems, mit dem automatisch Topologien erstellt und Ergebnisse dargestellt werden können, wirkt sich hier positiv aus.

Eine Möglichkeit, den Aufwand in vertretbarem Rahmen zu halten besteht darin, für alle zu betrachtenden Werkzeugsätze einen Katalog unterschiedlicher Topologien zu erstellen, der dann nur noch profilspezifisch geändert werden muß. In ähnlicher Weise können in einem "Belastungskatalog" die maschinenspezifischen, vorgangsunabhängigen Belastungen gesammelt werden. Vorgangsspezifische Belastungen müssen für jedes Profil neu ermittelt werden.

Von der Genauigkeit der Ergebnisse hängt generell die Einsetzbarkeit des Berechnungsverfahrens ab. Dafür ist die Wahl der Randbedingungen entscheidend. Vorgangsspezifische Belastungen können wie beschrieben nach elementarer Theorie ermittelt werden. Eine eventuelle Simulation des Umformvorgangs selbst liefert mit Sicherheit verfeinerte Aussagen über vorgangsspezifische Randbedingungen, scheint jedoch in naher Zukunft für beliebige, nicht rotationssymmetrische Profilquerschnitte kaum realisierbar zu sein. Weiterhin ist bis jetzt die Frage der Kontaktbedingungen zwischen Werkstück und Werkzeug beim VVSP von Al-Legierungen ungeklärt. Es fehlen hier genauere Angaben über belastungsabhängige Wärmeübergangseigenschaften und Reibungsbedingungen. Diese Randbedingungen können nur abgeschätzt werden.

Die Vorgänge im Preßkanal bedürfen einer genaueren Betrachtung, da die Endbearbeitung der Führungsflächen den Ausschlag über die Reibungsbedingungen gibt. Hier wirken sich unterschiedliche Bearbeitungsmethoden aus, z.B. ob die Führungsflächen parallel gefertigt wurden oder kegelig "zugefeilt" werden.

Maschinenspezifische Randbedingungen, wie Schrumpfmaße, Preßdruck usw. können leicht aus Maschinendaten gewonnen werden. Allerdings empfiehlt es sich, speziell die thermischen Randbedingungen zusätzlich experimentell zu erfassen. Bei einem stationären Temperaturverhalten der Presse hält sich der dafür nötige Aufwand in vertretbaren Grenzen. Sämtliche möglichen Maschinenzustände können wie die topologischen Beschreibungen der Werkzeugsätze katalogisiert werden.

Für die Berechnung von Werkzeugverformungen kann aus den unterschiedlichen Topologie- und Belastungskatalogen das benötigte Simulationsmodell mit verhältnismäßig geringem Aufwand zusammengestellt werden. Die berechneten Verformungen des Matrizendurchbruchs können direkt für Maßänderungen in der Matrizenkonstruktion eingesetzt werden.

Rechnerunterstützte Konstruktions- und Fertigungstechniken setzen sich auch im Strangpreßbetrieb immer mehr durch. Die schnelle Entwicklung der Rechnertechnologien bringt nachhaltige Steigerungen der Rechnerleistung bei sinkenden Kosten mit sich. Damit werden die Voraussetzungen geschaffen, daß in absehbarer Zeit Werkzeugverformungen beim Strangpressen unter betrieblichen Bedingungen simuliert werden können.

Schrifttum:

/1/ Laue, K.; Stenger, M.: Strangpressen. Düsseldorf: Aluminium-Verlag 1974.

/2/ Brehme,J.: Strangpressen. In: Lange, K. (Hrsg.): Umformtechnik - Handbuch für Industrie u. Wissenschaft 2.Aufl. Bd.2 Massivumformung. Berlin: Springer 1988.

/3/ DIN 8583, Bl.6: Fertigungsverfahren Druckumformen. Berlin / Köln: Beuth Verlag 1969.

/4/ DIN 24540 (Entw.): Strang- und Rohrpressen für Nichteisenmetalle und deren Preßwerkzeuge. Berlin / Köln: Beuth Verlag 1983.

/5/ DIN 1748: Strangpreßprofile aus Aluminium und Aluminium-Knetlegierungen. Berlin / Köln: Beuth Verlag 1983.

/6/ DIN 17615 (Entw.): Präzisionsprofile aus AlMgSi0,5. Berlin / Köln: Beuth Verlag 1985.

/7/ Siebel, E.: Die Formgebung im Bildsamen Zustande. Düsseldorf: Verlag Stahleisen 1932.

/8/ Siebel, E.; Fangmeier, E.: Untersuchungen über den Kraftbedarf beim Pressen und Lochen. Mitteilungen aus dem Kaiser-Wilhelm- Institut für Eisenforschung 13 (1931) 13, S. 29-43.

/9/ Eisbein, W.: Kraftbedarf und Fließvorgänge beim Strangpressen. Zeitschrift für Metallkunde 24 (1932) 4, S. 79-84.

/10/ Kopp, R.; Wiegels, H.: Berechnungen des Kraft- und Arbeitsbedarfes beim Strangpressen. Metall 31 (1977) 3, S. 268-275.

/11/ Dalheimer, R.: Beitrag zur Frage der Spannungen, Formänderungen und Temperaturen beim axialsymmetrischen Strangpressen. Berichte aus dem Institut für Umformtechnik, Universität Stuttgart Nr. 20. Essen: Girardet 1970.

/12/ Avitzur, B.: Metal Forming: Processes and Analyses. New York: McGraw-Hill Book Company 1968.

/13/ Becker, K.-H.: Plastische Lokalisierung beim Strangpressen. Dr.Ing. Diss. TU München. München: 1987.

/14/ Gunasekera J.S.; Gegel, H.L.; Malas, J.C.; Doraivelu, S.M.; Morgan, J.T.;Altan, T.: Computer-Aided Process Modelling of Hot Forging and Extrusion of Aluminium Alloys. Annals of CIRP Vol. 31.1.1982, S. 131-135.

/15/ Sebastian, M.A.; Rodriquez, P.; Sanchez, A.M.: A Method of discretization an approach of three-dimensional deformation analysis of extrusion by finite-element-method. Proc., Numerical Methods in Industrial Forming Processes. Swansea, U.K. Peneridge Press 1982, S. 227-236.

/16/ Webster, W.; Davis, R.: Finite element analysis of round to square extrusion processes. Proc.,6th. North American Metalworking. Res.Conference 1987, S. 166-170.

/17/ Voswinkel, G.: Beitrag zum Einfluß der Profilform auf die Strangpreßkraft. Oberursel: DGM-Informationsgesell-schaft-Verlag 1986.

/18/ Thomsen, E.G.: Visioplasticity. CIRP Annals 1963, Vol.12/ 1963.

/19/ Pehle, H.J.: Untersuchungen zu Grundlagen und Genauig-keit visioplastischer Berechnungen. Dissertation, RWTH Aachen, 1983.

/20/ Bagchi, A.; Lenard, I.G.: A study of multiple hole extrusion. Trans. ASME, I.Engag.Mater.Technology 101 (1979) 2, S. 135-138.

/21/ Gun, G.Ja.u.a.: Aufstellung eines mathematischen Modells für das Strangpressen von Profilen mit verwickelter Form. Izv.VVz. Cern.Matallurg. 19 (1976) 11, S. 87-89.

/22/ Yang, D.Y.; Lee, C.H.: Analysis of three-dimensional extrusion through curved dies by conformal transforma-tion. Internat. J. Mech. Sci. 20 (1987) 9, S. 541-552.

/23/ Yang, D.Y.; Altan, T.: Analytical and experimental inve-stigation into lubricated three-dimensional extrusion of general helical sections. CIRP Annals 35 (1986) 1, S.169-172.

/24/ Dürrschnabel, W.: Der Materialfluß von NE- Metallen, Teil 1-3. Metall 22 (1968), S. 426-437, 995-998, 1215-1219.

/25/ Broichhausen, J.; Beiss, P.: Stofffluß beim direkten Strangpressen von Kupfer. Metall 35 (1981), S. 1109-1116.

/26/ Baumgarten, J.: Materialfluß beim direkten Strangpressen von Aluminium. Aluminium 57 (1981) 11, S. 734-736.

/27/ Lange, K. (Hrsg.): Umformtechnik, 2.Aufl. Bd.1 Grundlagen. Berlin: Springer 1984.

/28/ Broichhausen, J.; Beiss, P.: Warmformänderungsfestigkeit von Al- Werkstoffen. Metall 33 (1979) 6, S. 639-644.

/29/ Doege, E.; Meyer-Nolkemper, H.; Saeed, I.: Fließkurvenatlas metallischer Werkstoffe. München: Hanser Verlag 1986.

/30/ Deutsche Gesellschaft für Metallkunde (Hrsg.): Atlas der Warmformgebungseigenschaften von Nichteisenmetallen, Band 1. Oberursel: 1978.

/31/ Laue, K.: Isothermes Strangpressen. Z. für Metallkunde 51 (1960), S. 491-495.

/32/ Lange, G.: Der Wärmehaushalt beim Strangpressen, Teil 1-3. Z. für Metallkunde 62 (1971), S. 571-584.

/33/ Stüwe, H.P.: Einige Abschätzungen zum Strangpressen. Metall 22 (1968), S.1197-1200.

/34/ Altan, T., Kobayashi, S.: Numerisches Verfahren zum Berechnen von Temperaturfeldern in kinematisch stationären Umformvorgängen. Ind.-Anz. 89 (1967) 12, S. 2223-2227.

/35/ Gieselberg, K.: Untersuchungen an Strangpressmatrizen. Berichte aus dem Institut für Umformtechnik, Universität Stuttgart Nr. 32. Essen: Girardet 1975.

/36/ Tay, A.O.; Farmer, L.E.; Oxley, P.L.B.: A numerical method for calculating temperature distributions in metal working processes. Internat.J.Mech.Sci. 22 (1983) 1, S. 41-57.

/37/ Becker, K.H.; Lippmann, H.;Sailer, C.; Teubl, E.: Localisation and Dead Metal Zones in Warm Extrusion. Proc. 2.Int. Conf. on Techn. of Plasticity, Stuttgart, 24.-28. Aug. 1987, Vol.1, Extrusion, S.565-573. Berlin/-Heidelberg/New York: Springer 1987.

/38/ Akeret, R.: Untersuchungen über das Strangpressen unter besonderer Berücksichtigung der thermischen Vorgänge. Aluminium 44 (1968) 7, S. 412-415.

/39/ Akeret, R.: Das Verhalten der Strangpresse als Regelstrecke. Metall 34 (1980) 8, S. 737-741.

/40/ Singer, A.R.E.; Al-Samarrai, S.H.K.:Temperature changes associated with speed variation during extrusion. J.Inst.Metals 89 (1961) 7, S. 225-231.

/41/ Zasadsinski, J.; Richert, J.; Libura, W.; Misiolek, W.: Maximisation of the exit velocity of aluminium alloys during hot extrusion. Aluminium 1 (1984), S. 14-18.

/42/ Castle, A.F.; Lang, G.: Die Abhängigkeit der maximalen Preßkraft von Stempelgeschwindigkeit und Profilform beim Strangpressen von Al99,9. Aluminium 52 (1976) 12, S. 722-726.

/43/ Akeret, R.: Einfluß der Querschnittsform und der Werkzeuggestaltung beim Strangpressen von Aluminium, Teil 1 u. 2. Aluminium 9 (1983).

/44/ Anonym: Solid extrusion die correction - Part 1. Light metal Age 43 (1985) 11/12, S. 5-10.

/45/ Lang, G.: Abschätzung der Reibung im Preßkanal beim direkten und indirekten Strangpressen von Al 99,5. Aluminium 57 (1981) 12, S. 791-796.

/46/ Akeret, R.: Einfluß des Neigungswinkels und der Länge der Laufflächen auf die Reibung im Preßkanal. Aluminium 61 (1985) 3, S. 169-172.

/47/ Ruppin, D.; Strehmel, W.: Direktes Strangpressen mit konstanter Austrittstemperatur - Einsatz axialer Blocktemperaturprofile. Aluminium 53 (1977) 4, S. 233-239.

/48/ Ruppin, D.; Strehmel, W.: Direktes Strangpressen mit konstanter Austrittstemperatur - Einsatz variabler Preßgeschwindigkeit. Aluminium 53 (1977) 9, S. 543-548.

/49/ Ruppin, D.; Strehmel, W.: Automatisierung des Prozesses beim Strangpressen von Aluminiumwerkstoffen. Aluminium 59 (1983) 9, S. 674-678,773-776.

/50/ Vater, M.; Heil, H.P.: Der Einfluß der Profilform auf den Kraftbedarf beim Strangpressen. Aluminium 45 (1969), S. 141-149.

/51/ Siegert, K.: Untersuchungen über das direkte, indirekte und hydrostatische Strangpressen. Dr.Ing.-Diss., TU Berlin 1976.

/52/ Kienzle, O.; Grüning, K.: Über die Beanspruchungsverhältnisse in Blockaufnehmern von Strangpressen. Forschungsberichte des Landes Nordrhein- Westfalen 966 Köln. Opladen: Westd. Verlag 1961.

/53/ Vater, M.; Rathjen, C.: Untersuchungen über die Größe der Stempelkraft und des Innendruckes im Aufnehmer beim Strangpressen von Metallen. Fortschrittsbericht VDI-Z. Reihe 2, Nr.9, 1966.

/54/ Grüning, K.: Ermittlung der axialen und radialen Umformdrücke beim Strangpressen. Technische Rundschau 55 (1963) 8, S. 1-7.

/55/ Dalheimer, R.; Erbslöh,J.C.: Das Messen der Axialspannungsverteilung an der Stirnfläche flacher Matrizen beim axialsymmetrischen Strangpressen. Ind.- Anzeiger 91 (1969), S. 1575-1580.

/56/ Nagpal, V. u.a.: Automated design of extrusion dies by computer. Proc.2.Int.Aluminium Extrusion Technol.-Seminar, Atlanta, 15.- 17. Nov. 1977, Vol.2, Extrusion Dies. Washington,D.C.: Aluminium Association 1977, S. 65-74.

/57/ Altan, T.: Design and Manufacture of Dies and Molds. Annals of CIRP Vol.36/2/1987.

/58/ Hribar, J.: Dimensionierung von Matrizenöffnungen zum Strangpressen. Ind.- Anzeiger 99 (1977) 102, S. 2053-2056.

/59/ Gräber, A.: Beitrag zu Theorie und Praxis des Torsionsversuchs. Berichte aus dem Institut für Umformtechnik, Universität Stuttgart. Berlin/Heidelberg/New York: Springer demnächst.

/60/ Farren, W.S.; Taylor, G.I.: The heat development during plastic extension of metals. Proc. Royal Soc. London A107(1925), S. 422 - 451.

/61/ Aluminium- Zentrale (Hrsg.): Aluminium- Taschenbuch, 13. Auflage. Düsseldorf: Aluminium- Verlag 1975.

/62/ Nester, W.: Beanspruchung von Napf- Rückwärts- Fließpreß-Matrizen aus Keramik infolge mechanischer Belastung und Temperatureinwirkung. Berichte aus dem Institut für Umformtechnik, Universität Stuttgart, Nr.86. Berlin /Heidelberg /New York /Tokyo : Springer 1986.

/63/ Gröber; Erg; Grigull : Die Grundgesetze der Wärmeübertragung. 3. Neudruck der 3.Aufl. Berlin /Heidelberg / New York /Tokyo : Springer 1981.

/64/ Zienkiewicz, O.C.: The Finite Element Method. 3. Aufl. , London : McGraw-Hill 1982.

/65/ Bathe, K.-J.: Finite Element Procedures in Engineering Analysis. Englewood Cliffs: Prentice-Hall 1982.

/66/ Schrem, E.: PERMAS Theory Manual. INTES Publication No.302, Stuttgart: 1987.

/67/ Parisch, H.; Streiner, P.: PERMAS-HT, Heat Transfer users's manual. INTES Publication No. 232, Stuttgart: 1985.

/68/ Schrem,E.: PERMAS, Handbook for Linear Static Analysis. INTES Publication No. 404, Stuttgart: 1987.

/69/ Schrem, E.; Fischer,R.: PERMAS, Elementatlas. INTES Publication No. 405, Stuttgart: 1987.

/70/ INTES (Hrsg.): Supplementary Documentation on PERMAS Version 2.0. INTES Publication No. 803, Stuttgart: 1987.

/71/ Grieger, I.: Inga, user's reference manual. ISD-Report No. 156 Stuttgart: 1974.

/72/ Lange,K.; Geiger,M.; Rebholz,M.: Analytische Berechnung von Schrumpfverbindungen unter Radialem Innendruck. CAD-Berichte, KfK-CAD 98, Karlsruhe 1979.

/73/ Friedrich, K.-H.: Ein Beitrag zur Messung der Strangoberflächentemperatur beim Strangpressen. Berichte aus dem Institut für Umformtechnik, Universität Stuttgart, Nr.33, Essen: Girardet 1975.

/74/ Spur, G.; Stöferle, Th.(Hrsg.): Handbuch der Fertigungstechnik Band 2/2 Umformen. München, Wien: Hanser 1983.

/75/ Lange, K.: Begriffe und Benennungen in der Umformtechnik. Blech, Rohre, Profile (1979) 10,11,12.

/76/ Kopp, R., Voswinkel, G.: Zum Einfluß der Profilform auf die Strangpreßkraft. Aluminium 8 (1984).

Berichte aus dem Institut für Umformtechnik der Universität Stuttgart

Herausgeber Professor Dr.-Ing Kurt Lange

1 **Untersuchung über den Einfluß der Belastungszeit auf die Streuung der Rückfederung von Biegeteilen**
Von Dipl -Ing Klaus Tafel. 70 Seiten Text u 64 Seiten mit 49 Bildern u 15 Tafeln — Vergriffen

2/3 **Untersuchungen über das freie Napfen**
Von Dipl -Ing Gerhard Schmitt und Dipl -Ing Dieter Schmoeckel
Untersuchungen über den Kraft- und Arbeitsbedarf sowie den Umformwirkungsgrad beim Vorwärts-Vollfließpressen von Stahl
Von Dipl.-Ing Dieter Kast 40 Seiten Text u 43 Seiten mit 47 Bildern u 5 Tafeln — 28,— DM

4 **Untersuchungen über die Werkzeuggestaltung beim Vorwärts-Hohlfließpressen von Stahl und Nichteisenmetallen**
Von Dipl -Ing Dieter Schmoeckel 72 Seiten Text u 117 Seiten mit 179 Bildern — 39,— DM

5 **Untersuchungen über das Stauchen und Zapfenpressen**
Von Dipl -Ing Marten Burgdorf 126 Seiten Text u 58 Seiten mit 138 Bildern u 4 Tafeln — 55,— DM

6 **Untersuchungen über die Streuung der Kräfte und Arbeiten beim Fließpressen in der laufenden Fertigung und den Einfluß der Phosphatschichtdicke und des Schmiermittels**
Von Dipl -Ing Hans-Dietrich Witte 38 Seiten Text u 48 Seiten mit 49 Bildern — 30,— DM

7 **Untersuchungen über das Rückwärts-Napffließpressen von Stahl bei Raumtemperatur**
Von Dipl -Ing Gerhard Schmitt 132 Seiten Text u 93 Seiten mit 130 Bildern u 5 Tafeln — 34,— DM

8 **Die Abbildegenauigkeit beim Biegen im 90°-V-Gesenk und ihre Beeinflussung durch Nachdrücken im Gesenk**
Von Dipl -Ing Eckart Dannenmann 50 Seiten Text u 31 Seiten mit 28 Bildern u 1 Tafel — Vergriffen

9 **Untersuchungen über den Zusammenhang zwischen Vickershärte und Vergleichsformänderung bei Kaltumformvorgängen**
Von Dipl -Ing Hans Wilhelm 50 Seiten Text u 35 Seiten mit 37 Bildern u 2 Tafeln — Vergriffen

10 **Untersuchungen über das Abstreckziehen von zylindrischen Hohlkörpern bei Raumtemperatur**
Von Dipl -Ing Rolf K Busch 86 Seiten Text u 92 Seiten mit 97 Bildern — Vergriffen

11 **Vorgänge beim elektromagnetischen und elektrohydraulischen Umformen von metallischen Werkstücken**
Von Dipl -Ing Herbert Muller 90 Seiten Text u 110 Seiten mit 93 Bildern u 10 Tafeln — 22,— DM

12 **Ein Verfahren zur näherungsweisen Berechnung des Spannungs- und Formänderungszustandes beim Fließen starrplastischer Werkstoffe**
Von Dipl -Ing Gerhard Adler 124 Seiten Text u 76 Seiten mit 72 Bildern — Vergriffen

13 **Modellgesetzmäßigkeiten beim Rückwärtsfließpressen geometrisch ähnlicher Näpfe**
Von Dipl -Ing Dieter Kast 101 Seiten Text u 73 Seiten mit 60 Bildern u 6 Tafeln — Vergriffen

14 **Untersuchungen über das Genauschneiden von Stahl und Nichteisenmetallen**
Von Dipl -Ing Wilfried Kramer 96 Seiten Text u 132 Seiten mit 128 Bildern u 10 Tafeln — Vergriffen

15 **Entwicklung und Erprobung eines Simulators zur reproduzierbaren Nachahmung der Kraft-Weg-Verläufe von Umformvorgängen**
Von Dipl -Ing Kurt Schmid 88 Seiten Text u 38 Seiten mit 35 Bildern u 2 Tafeln — 17,— DM

16 **Walzrichten von Metallbändern mit symmetrisch angestellter Fünf-Walzen-Richtmaschine**
Von Dipl -Ing Hans-Dietrich Witte 108 Seiten Text u 63 Seiten mit 60 Bildern u 8 Tafeln — 22,— DM

17/18 **Erzeugung räumlicher Blechgebilde mittels Flächenbiegung**
Konstruktion, Abwicklung und Herstellung von Schraubtorsen aus Blech
Von Prof Dr -Ing E h Dr techn h c Otto Kienzle
120 Seiten Text u 55 Seiten mit 86 Bildern u 3 Tafeln — 22,— DM

19 **Einfluß der Alterung auf die mechanischen Eigenschaften von Stählen zum Kaltfließpressen**
Von Dipl -Ing Vladimir Hasek, CSc 43 Seiten Text u 54 Seiten mit 50 Bildern u 3 Tafeln — 16,— DM

20 **Beitrag zur Frage der Spannungen, Formänderungen und Temperaturen beim axialsymmetrischen Strangpressen**
Von Dipl -Ing Rolf Dalheimer 118 Seiten Text u 76 Seiten mit 79 Bildern u 3 Tafeln — Vergriffen

21 **Über den Einfluß der Werkzeuggeschwindigkeit auf den Stauchvorgang**
Von Dipl -Ing H -J Metzler 127 Seiten Text u 100 Seiten mit 94 Bildern u 6 Tafeln — 25,— DM

22 **Numerische Behandlung von Verfahren der Umformtechnik**
Von Dr -Ing Elmar Steck 67 Seiten Text u 22 Seiten mit 43 Bildern — 16,— DM

23 **Ein Verfahren zur näherungsweisen Berechnung der Wärmeentwicklung und der Temperaturverteilung beim Kaltstauchen von Metallen**
Von Dipl -Ing Walther Pohl 78 Seiten Text u 51 Seiten mit 61 Bildern u 4 Tafeln — 21 — DM

24 **Untersuchungen über das Drückwalzen zylindrischer Hohlkörper und Beitrag zur Berechnung der gedrückten Fläche und der Kräfte**
Von Dipl -Ing Hans-Jurgen Dreikandt 161 Seiten Text u 79 Seiten mit 73 Bildern u 6 Tafeln — Vergriffen

25 **Über den Formänderungs- und Spannungszustand beim Ziehen von großen unregelmäßigen Blechteilen**
Von Dipl -Ing Vladimir Hasek, CSc 129 Seiten Text u 106 Seiten mit 109 Bildern u 9 Tafeln — 35,— DM

26 **Uber die Anisotropie des plastischen Verhaltens stranggepreßter Stäbe aus hexagonalen Metallen**
Von Dipl -Ing Gunther Schroder 129 Seiten Text u 75 Seiten mit 97 Bildern u 2 Tafeln — Vergriffen

27 **Die Messung der mechanischen Kontaktspannung in der Wirkfuge Werkzeug — Werkstück bei Umformverfahren**
Von Dipl -Ing Fritz Dohmann 99 Seiten Text u 82 Seiten mit 93 Bildern u 4 Tafeln — Vergriffen

28 **Beitrag zur rechnerunterstützten Auslegung von Pressengestellen**
Von Dipl.-Ing. Manfred Geiger. 94 Seiten u. 56 Seiten mit 63 Bildern. Vergriffen

29 **Untersuchungen über das Aufweittiefziehen**
Von P. S. Raghupathi M. E. ISBN 3-7736-0780-6
80 Seiten Text u. 54 Seiten mit 73 Bildern u. 2 Tafeln 32.- DM

30 **Faltenbildung als Verfahrensgrenze beim Stauchen von Hohlkörpern**
Von Dipl.-Ing. Klaus Dieterle ISBN 3-7736-0781-4
55 Seiten Text u. 35 Seiten mit 43 Bildern u. 3 Tafeln 28.– DM

31 **Beitrag zur Ermittlung von Fließkurven im kontinuierlichen hydraulischen Tiefungsversuch**
Von Dipl.-Ing. Franc Gologranc ISBN 3-7736-0785-7
125 Seiten Text u. 58 Seiten mit 95 Bildern u. 6 Tafeln Vergriffen

32 **Untersuchungen an Strangpreßmatrizen**
Von Dipl.-Ing. Klaus Gieselberg ISBN 3-7736-0786-5
101 Seiten Text u. 56 Seiten mit 69 Bildern 45.– DM

33 **Beitrag zur Messung der Strangoberflächentemperatur beim Strangpressen**
Von Dipl.-Ing. Karl-Heinz Friedrich ISBN 3-7736-0787-3
83 Seiten Text u. 90 Seiten mit 84 Bildern u. 3 Tafeln 48.- DM

34 **Über das Umformverhalten von Blechen aus Titan und Titanlegierungen**
Von Dipl.-Ing. Hans Wilhelm ISBN 3-7736-0788-1
107 Seiten Text u. 69 Seiten mit 76 Bildern u. 13 Tafeln Vergriffen

35 **Untersuchung der magnetischen Induktion, Stromdichte und Kraftwirkung bei der Magnetumformung**
Von Dipl.-Ing. Volker Schmidt ISBN 3-7736-0789-X
60 Seiten Text u. 53 Seiten mit 84 Bildern 21.– DM

36 **Der Stofffluß beim kombinierten Napffließpressen**
Von Dipl.-Ing. Rolf Geiger ISBN 3-7736-0790-3
111 Seiten Text u. 74 Seiten mit 80 Bildern u. 6 Tafeln Vergriffen

37 **Beitrag zum Verhalten superplastischer Werkstoffe beim Massivumformen**
Von Dipl.-Ing. Hans Schelosky ISBN 3-7736-0791-1
123 Seiten Text u. 61 Seiten mit 60 Bildern u. 4 Tafeln Vergriffen

38 **Energieumsatz beim elektrohydraulischen Umformen**
Von Dipl.-Ing. Hans-Joachim Weckerle ISBN 3-7736-0792-X
103 Seiten Text u. 46 Seiten mit 56 Bildern 45.– DM

39 **Elastische Wechselwirkungen an Gestell und Hauptgetriebe weggebundener Pressen**
Von Dipl.-Ing. Lutz Schemperg ISBN 3-7736-0793-8
91 Seiten Text u. 58 Seiten mit 65 Bildern u. 3 Tafeln 45.– DM

40 **Über das plastische Verhalten von Sintermetallen bei Raumtemperatur**
Von Dipl.-Ing. Hartmut Honeß ISBN 3-7736-0794-6
84 Seiten Text u. 54 Seiten mit 67 Bildern u. 2 Tafeln Vergriffen

41 **Untersuchungen zum Halbwarmfließpressen von Stahl**
Von Dr.-Ing. Rolf Geiger, Dipl.-Ing. Eckart Dannenmann und Dipl.-Ing. Jean Stefanakis
ISBN 37736-0795-4 50 Seiten Text u. 33 Seiten mit 34 Bildern u. 2 Tafeln Vergriffen

42 **Änderung der Werkstoffeigenschaften beim Ziehen von zylindrischen Hohlkörpern aus austenitischen und ferritischen nichtrostenden Stählen**
Von Dipl.-Ing. Rolf Zeller ISBN 3-7736-0796-2
80 Seiten Text u. 52 Seiten mit 34 Bildern u. 2 Tafeln Vergriffen

43 **Untersuchungen über das Fließpressen superplastischer Werkstoffe**
Von Dr.-Ing. Hans Schelosky ISBN 3-7736-0797-0
36 Seiten Text u. 24 Seiten mit 26 Bildern u. 1 Tafel Vergriffen

44 **Umformende Bearbeitung in flexiblen Fertigungssystemen**
Von Dipl.-Ing. Hartmut Kaiser ISBN 3-7736-0798-9
87 Seiten Text u. 24 Seiten mit 47 Bildern 36.– DM

45 **Geometrische Eigenschaften tiefgezogener kreiszylindrischer Näpfe**
Von Dipl.-Ing. Dieter Schlosser ISBN 3-7736-0799-7
107 Seiten Text u. 64 Seiten mit 60 Bildern u. 9 Tafeln 48.– DM

46 **Die Eigenschaften einer AlZnMgCu-Legierung nach ausgewählten Kombinationen von Wärmebehandlung und Kaltumformung**
Von Dipl.-Ing. Karl Hankele ISBN 3-7736-0880-2
86 Seiten Text u. 51 Seiten mit 52 Bildern u. 4 Tafeln 45.– DM

47 **Kaltmassivumformen von Sintermetall**
Von Dipl.-Ing. Hans Dieter Schacher ISBN 3-7736-0881-0
84 Seiten Text u. 44 Seiten mit 47 Bildern u. 5 Tafeln 42.– DM

48 **Rechnerunterstützte Arbeitsplanerstellung und Kostenrechnung beim Kaltmassivumformen von Stahl**
Von Dipl.-Ing. Peter Noack ISBN 3-7736-0882-9
216 Seiten Text u. 116 Seiten mit 134 Bildern u. 23 Tafeln 65.– DM

49 **Beitrag zur beanspruchungsgerechten Auslegung von rotationssymmetrischen Fließpreßmatrizen**
Von Dipl.-Ing. Gunther Kramer ISBN 3-7736-0883-7
94 Seiten Text u. 53 Seiten mit 56 Bildern Vergriffen

50 **Erzeugung gratfreier Schnittflächen durch Aufteilen des Schneidvorgangs (Konterschneiden)**
Von Dipl.-Ing. Heinz Liebing ISBN 3-7736-0884-5
87 Seiten Text u. 51 Seiten mit 55 Bildern u. 4 Tafeln 46.– DM

51 **Berechnung der elastischen Eigenschaften von Baugruppen im Pressenbau**
Von Dipl.-Ing. Herbert Blum ISBN 3-540-09804-6.
151 Seiten mit 55 Abbildungen. Vergriffen

52 **Untersuchung der Verfahrensgrenzen beim 180°-Biegen von Fein- und Mittelblechen**
Von Dipl.-Phys. Wolfgang Schaub. ISBN 3-540-09881-X.
65 Seiten mit 24 Abbildungen. 38.– DM

53 **Abstreckgleitziehen von nichtrostenden austenitischen Stählen**
Von Dipl.-Ing. Jobst-H. Kerspe. ISBN 3-540-09882-8.
109 Seiten mit 36 Abbildungen. 43,– DM

54 **Fließpressen von Stahl im Temperaturbereich 773 K (500°C) bis 1073 K (800°C)**
Von Dipl.-Ing. Ulrich Diether. ISBN 3-540-09959-X.
165 Seiten mit 80 Abbildungen. 48,– DM

55 **Die numerisch gesteuerte Radial-Umformmaschine und ihr Einsatz im Rahmen einer flexiblen Fertigung**
Von Dipl.-Ing. Peter Metzger. ISBN 3-540-10073-3.
158 Seiten mit 65 Abbildungen. 43,– DM

56 **Möglichkeiten zur Steuerung des Stoffflusses beim Ziehen großer unregelmäßiger Blechteile**
Von Dr.-Ing. Vladimir V. Hasek. ISBN 3-540-10074-1.
193 Seiten mit 96 Abbildungen 48,– DM

57 **Beitrag zur Arbeitsgenauigkeit des Kaltmassivumformens**
Von Dipl.-Ing. Herbert Leykamm. ISBN 3-540-10363-5.
165 Seiten mit 84 Abbildungen und 5 Tabellen.. 48,– DM

58 **Untersuchungen über das Verjüngen von zylindrischen Vollkörpern**
Von Dipl.-Ing. Helmut Binder. ISBN 3-540-10466-6
146 Seiten mit 50 Abbildungen und 3 Tabellen 43,– DM

59 **Umformverhalten legierter Sintereisen**
Von Dipl.-Ing. Manfred Stilz. ISBN 3-540-11051-8
170 Seiten mit 75 Abbildungen und 5 Tabellen. 48,– DM

60 **Interaktives Programmsystem zur Erstellung von Fertigungsunterlagen für die Kaltmassivumformung**
Von Dipl.-Ing. Michael Rebholz. ISBN 3-540-11052-6.
121 Seiten mit 46 Abbildungen. 43,– DM

61 **Beitrag zum Ziehen von Blechteilen aus Aluminiumlegierungen**
Von Dipl.-Ing. Michael Blaich. ISBN 3-540-11067-4
141 Seiten mit 64 Abbildungen und 5 Tabellen 43,– DM

62 **Auslegung von rotationssymmetrischen Fließpreßwerkzeugen im Bereich elastisch-plastischen Werkstoffverhaltens**
Von Dipl.-Ing. Thomas Neitzert. ISBN 3-540-11623-0
159 Seiten mit 51 Abbildungen. 53,– DM

63 **Fließpressen von Sintermetall im Temperaturbereich zwischen 873 K (600°C) und 1173 K (900°C)**
Von Dipl.-Ing. Wolfgang Schaub. ISBN 3-540-11678-8
160 Seiten mit 85 Abbildungen und 9 Tabellen 53,– DM

64 **Rechnerunterstützte Konstruktion von Umformwerkzeugen und die Fertigungsplanung von Werkzeugelementen**
Von Dipl.-Ing. Dieter Steuss. ISBN 3-540-11856-X.
178 Seiten mit 87 Abbildungen und 6 Tabellen. 53,– DM

65 **Möglichkeiten und Grenzen des Kaltgesenkschmiedens als eine fertigungstechnische Alternative für kleine, genaue Formteile**
Von Dipl.-Ing. Khang Hoang-Vu. ISBN 3-540-11876-4.
156 Seiten mit 62 Abbildungen und 5 Tabellen. 53,– DM

66 **Einsatz numerischer Näherungsverfahren bei der Berechnung von Verfahren der Kaltmassivumformung.**
Von Dipl.-Ing. Karl Roll. ISBN 3-540-11910-8.
166 Seiten mit 49 Abbildungen und 2 Tabellen. 53,– DM

67 **Untersuchung über das Verjüngen von dickwandigen, zylindrischen Hohlkörpern**
Von Dipl.-Ing. Knut Haarscheidt. ISBN 3-540-12229-X.
124 Seiten mit 58 Abbildungen und 6 Tabellen. Vergriffen

68 **Rechnerunterstützte Optimierung des Tiefziehens unregelmäßiger Blechteile**
Von Dipl.-Ing. Hans Glöckl. ISBN 3-540-12522-1.
143 Seiten mit 60 Abbildungen. Vergriffen

69 **Hydrostatisches Fließpressen: Verfahrensparameter und Werkstückeigenschaften**
Von Dipl.-Ing. Jobst H. Kerspe. ISBN 3-540-12537-X.
123 Seiten mit 69 Abbildungen und 5 Tabellen. 58,– DM

70 **Untersuchungen zum Halbwarmfließpressen von Automatenstählen**
Von Dipl.-Ing. Eberhard Nehl. ISBN 3-540-12568-X.
145 Seiten mit 104 Abbildungen 58,– DM

71 **Entwicklung und Anwendung neuer Schmierstoffprüfverfahren für die Kaltmassivumformung**
Von Dipl.-Ing. Thomas Gräbener. ISBN 3-540-12836-0.
140 Seiten mit 65 Abbildungen 58,– DM

72 **Einfluß der Blechoberfläche beim Ziehen von Blechteilen aus Aluminiumlegierungen**
Von Dipl.-Ing. Erhard Mössle. ISBN 3-540-12837-9.
142 Seiten mit 62 Abbildungen und 6 Tabellen 58,– DM

73 **Werkzeugverschleiß in der Massivumformung**
Von Dipl.-Ing. Matthias Weiergräber ISBN 3-540-13033-0
72 Seiten mit 36 Abbildungen und 2 Tabellen 58,– DM

74 **Grundlagen der Umformtechnik I · Fundamentals of Metal Forming Technique I**
298 Seiten ISBN 3-540-13039-X 58,– DM

75 **Grundlagen der Umformtechnik II · Fundamentals of Metal Forming Technique II**
280 Seiten. ISBN 3-540-13040-3 58,– DM

76 **Herstellung und Versteifungswirkung von geschlossenen Halbrundsicken**
Von Dipl.-Ing. Michael Widmann. ISBN 3-540-13172-8.
150 Seiten mit 63 Abbildungen. 63,– DM

77 **Kostenoptimierter Einsatz der Radialumformmaschine in gemischten, flexiblen Fertigungssystemen**
Von Dipl.-Ing. Michael Dostal. ISBN 3-540-13286-4.
121 Seiten mit 61 Abbildungen. 63,– DM

78 **Rechnerische Ermittlung von Zustandsgrößen beim Radialumformen**
Von Dipl.-Ing. Roland Paukert. ISBN 3-540-13287-2.
131 Seiten mit 57 Abbildungen und 1 Tabelle. 63,– DM

79 **Numerische Steuerung einer flexiblen Bearbeitungseinheit zum Radialumformen**
Von Dipl.-Ing. Helmut Noller. ISBN 3-540-13550-2.
120 Seiten mit 41 Abbildungen und 2 Tabellen. 63,– DM

80 **Vergleichende Betrachtung der Verfahren zur Prüfung der plastischen Eigenschaften metallischer Werkstoffe**
Von Dr.-Ing. Klaus Pöhlandt. ISBN 3-540-13578-2.
178 Seiten mit 43 Abbildungen und 11 Tabellen. 63,– DM

81 **Aufweitung von Fließpreßmatrizen mit überlagerter thermischer und mechanischer Beanspruchung**
Von Dipl.-Ing. Ewald Kling. ISBN 3-540-15755-7.
139 Seiten mit 61 Abbildungen und 1 Tabelle. 63,– DM

82 **Messung des Werkzeugverschleißes bei der Kalt- und Halbwarmumformung mit Radionukliden**
Von Dipl.-Ing. Eberhard Nehl. ISBN 3-540-16497-9
131 Seiten mit 55 Abbildungen und 11 Tabellen. 68,– DM

83 **Ermittlung von Eigenspannungen in der Kaltmassivumformung**
Von A. Erman Tekkaya. ISBN 3-540-16498-7.
162 Seiten mit 60 Abbildungen und 2 Tabellen 68,– DM

84 **Korrosionsbeständigkeit tiefgezogener rotationssymmetrischer Werkstücke aus austenitischen Stählen**
Von Dipl.-Ing. Matthias Weiergräber ISBN 3-540-16560-6.
137 Seiten mit 63 Abbildungen und 4 Tabellen 68,– DM

85 **Simulation of Metal Forming Processes by the Finite Element Method (SIMOP-I)**
Workshop Stuttgart 1985. ISBN 3-540-16592-4.
316 Seiten mit 147 Abbildungen und 3 Tabellen 68,– DM

86 **Beanspruchung von Napf-Rückwärts-Fließpreßmatrizen aus Keramik infolge mechanischer Belastung und Temperatureinwirkung**
Von Dipl.-Ing. Winfried Nester. ISBN 3-540-16845-1.
148 Seiten mit 66 Abbildungen und 2 Tabellen 68,– DM

87 **Einfluß von Oberflächenbeschichtungen auf den Werkzeugverschleiß bei der Massivumformung**
Von Dipl.-Ing. Harald Westheide. ISBN 3-540-16846-X.
146 Seiten mit 84 Abbildungen und 9 Tabellen. 68,– DM

88 **Hydrostatisches Fließpressen von Profilen unter Verwendung von Matrizen mit stetigem Übergang**
Von Dipl.-Ing. Suwandi Sugondo. ISBN 3-540-16847-8
130 Seiten mit 59 Abbildungen und 7 Tabellen. 68,– DM

89 **Untersuchungen über das kombinierte Quer-Napf-Vorwärts-Fließpressen**
Von Dipl.-Ing. Walter Osen. ISBN 3-540-17349-8
153 Seiten mit 66 Abbildungen 68,– DM

90 **Werkstoff und Umformung**
1. Workshop Stuttgart, 1986. ISBN 3-540-17370-6
224 Seiten 68,– DM

91 **Beanspruchungsgerechte Auslegung von Fließpreßwerkzeugen mit numerischen Berechnungsmethoden**
Von Dipl.-Ing. Vu The Cuong ISBN 3-540-17472-9.
169 Seiten mit 80 Abbildungen und 12 Tabellen. 68,– DM

92 **Der Kerbzugversuch als Einfachprüfverfahren für das richtungsabhängige Umformvermögen von Blechwerkstoffen**
Von Dipl.-Phys. Christian Weist. ISBN 3-540-17666-7.
96 Seiten mit 48 Abbildungen und 5 Tabellen. 68,– DM

93 **Querfließpressen eines Flansches oder Bundes an zylindrischen Vollkörpern aus Stahl**
Von Dipl.-Ing. Winfried Schätzle ISBN 3-540-17929-1.
129 Seiten mit 67 Abbildungen und 3 Tabellen. 68,– DM

94 **Untersuchung des Werkzeugbruches beim Voll-Vorwärts-Fließpressen**
Von Dipl.-Ing. Willi Reiss ISBN 3-540-18376-0.
159 Seiten mit 69 Abbildungen und 3 Tabellen. 68,– DM

95 **Grundlagen für das Kaltwalzen von Voll- und Hohlkörpern nach dem Grob-Verfahren**
Von Dipl.-Ing. Norbert Kurz. ISBN 3-540-18509-7.
163 Seiten mit 72 Abbildungen und 5 Tabellen. 68,– DM

96 **Rechnergestützte Fertigung von Sonderprofilen auf der Radialumformmaschine**
Von Dipl.-Ing. Andreas Wöhr. ISBN 3-540-19161-5.
141 Seiten mit 80 Abbildungen. 73,– DM

97 **Optimierung der Oberflächenmikrogeometrie von Aluminiumfeinblech für das Karosserieziehen**
Von Dipl.-Ing. Rainer Balbach. ISBN 3-540-50168-1.
161 Seiten mit 86 Abbildungen. 73,– DM

98 **Ermüdungsverhalten von massivumgeformten bauteilähnlichen Proben aus Stahl**
Von Dipl.-Ing. Wolfgang Schwab. ISBN 3-540-50805-8.
142 Seiten mit 81 Abbildungen und 3 Tabellen. 73,– DM

99 **Optimaler Energieeinsatz bei der Fertigung durch Massivumformung**
Von Dipl.-Ing. Thomas Herlan. ISBN 3-540-50876-7.
204 Seiten mit 63 Abbildungen und 3 Tabellen. 73,– DM

100 **Ermittlung der Fließkurven von Feinblechen im ebenen Torsionsversuch**
Von Dipl.-Ing. Michael Bauer. ISBN 3-540-51117-2.
210 Seiten mit 76 Abbildungen und 7 Tabellen. 73,– DM

101 **Numerische Simulation dreidimensionaler Umformvorgänge mit Einbezug des Temperaturverhaltens**
Von Dipl.-Ing. Jürgen Gerhardt. ISBN 3-540-51331-0.
148 Seiten mit 59 Abbildungen und 2 Tabellen. 73,– DM

102 **Interaktives rechnergestütztes System zur Konstruktion von Werkzeugen für die Kalt-Massivumformung**
Von Dipl.-Ing. Frank D. Ilzig. ISBN 3-540-51492-9.
134 Seiten mit 69 Abbildungen. 73,– DM

103 **Werkzeugverformungen beim Strangpressen und ihre Auswirkungen auf die Produktgenauigkeit**
Von Rolf Bulander. ISBN 3-540-51586-0.
165 Seiten mit 66 Abbildungen und 5 Tabellen. 73,– DM

Die Bände sind im Erscheinungsjahr und in den folgenden drei Kalenderjahren zu beziehen durch den örtlichen Buchhandel oder durch Lange & Springer, Otto-Suhr-Allee 26-28, 1000 Berlin 10.

GPSR Compliance

The European Union's (EU) General Product Safety Regulation (GPSR) is a set of rules that requires consumer products to be safe and our obligations to ensure this.

If you have any concerns about our products, you can contact us on ProductSafety@springernature.com

In case Publisher is established outside the EU, the EU authorized representative is:

Springer Nature Customer Service Center GmbH
Europaplatz 3
69115 Heidelberg, Germany

Batch number: 10682421

Printed by Printforce, the Netherlands